遵从宝宝的内在规律，培养乐观、自信的宝宝

宝宝主导育儿法

〔英〕吉尔·拉普利　〔英〕特蕾西·莫凯特 著　　于佳玮 译

BABY-LED PARENTING

U0225684

中国妇女出版社

图书在版编目（CIP）数据

宝宝主导育儿法：遵从宝宝的内在规律，培养乐观
、自信的宝宝 /（英）吉尔·拉普利（Gill Rapley），
（英）特蕾西·莫凯特（Tracey Murkett）著；于佳玮译
. -- 北京：中国妇女出版社，2016.11

书名原文：Baby-led Parenting：The easy way to
nurture，understand and connect with your baby

ISBN 978-7-5127-1350-5

Ⅰ.①宝…　Ⅱ.①吉…②特…③于…　Ⅲ.①婴幼儿
—哺育—基本知识　Ⅳ.①TS976.31

中国版本图书馆CIP数据核字（2016）第238052号

Baby-led Parenting: The easy way to nurture , understand and connect with your baby
Copyright © 2014 by Gill Rapley & Tracey Murkett 2014
First published in 2014 by Vermilion, an imprint of Ebury Publishing . Ebury Publishing is a part of
the Penguin Random House group of companies.

著作权合同登记号 图字：01-2016-3305

宝宝主导育儿法——遵从宝宝的内在规律，培养乐观、自信的宝宝

作　　者：〔英〕吉尔·拉普利　〔英〕特蕾西·莫凯特 著
　　　　　于佳玮 译
责任编辑：门　莹　李一之
责任印制：王卫东
出版发行：中国妇女出版社
地　　址：北京东城区史家胡同甲24号　　　邮政编码：100010
电　　话：（010）65133160（发行部）　　65133161（邮购）
网　　址：www.womenbooks.com.cn
经　　销：各地新华书店
印　　刷：北京中科印刷有限公司
开　　本：165×230　1/16
印　　张：16.5
字　　数：200千字
版　　次：2016年11月第1版
印　　次：2016年12月第2次
书　　号：ISBN 978-7-5127-1350-5
定　　价：38.00元

前言

　　宝宝从出生到刚刚会爬，再到蹒跚学步，你都是他小小世界里的中心，我们将这个阶段称为"怀抱期"。这是你和他之间一个亲密无间的阶段，他在身体和情感上对你的需要都达到了极致。因此你必须开始了解他，学会照顾他，并找到安抚他、让他保持愉快的方法。这也是宝宝一个非常关键的学习和成长发育时期，在此期间，你和宝宝建立起的关系将为他此后一生的成长和发展奠定至关重要的基础。

　　当你即将为人父母时，会觉得这个任务既令人兴奋又令人害怕。我们天生就知道如何养育宝宝吗？有没有秘诀能帮我们正确地养育宝宝？如何避免看似平常的陷阱？随处可见的大量育儿信息，以及多种可供选择的育儿"方法"往往让你眼花缭乱、无从下手。但其实，你根本不用费力寻找——你身边已经有了最好的育儿专家，那就是你的宝宝。

　　人们常开玩笑说，宝宝怎么不带着一本育儿指南一起出生呢——那是因为他们本身就是育儿指南。每一个宝宝都是独一无二的，他们有着与生俱来的独特性情及潜能。只要给他机会，他就能告诉你他需要什么，并能引导你以最佳方式满足他的需要。他会告诉你他喜欢被怎样对待，喜欢睡在哪儿，

什么时间要吃东西，等等。当感到沮丧或害怕时，他会让你知道，并告诉你怎样安抚他。允许宝宝来引导你，能给他足够的安全感和被爱的感觉，从而让他充满自信地健康成长。

本书将教你如何避免父母们通常会遇到的养育问题，带你去发现一种直接、轻松且富有成效的育儿方法。这种方法会让你通过宝宝的眼睛来看待生活，通过学习了解宝宝、与宝宝交流，从而成为对他而言最棒的父母。

"宝宝主导的育儿法"这种理念并非刚刚出现，它早已在全世界许多家庭中流行，因为这种方法让宝宝和大人都能保持轻松愉快。但仍有一些父母有时会接受家人、健康专家以及媒体的建议，从而采用"父母主导的育儿法"。父母主导的育儿法就是父母力求控制孩子的生活，甚至决定孩子应该睡多长时间，以及多久抱他一次。这种情况下，如果宝宝不能很好地适应父母预设的模式，就会被认为不乖，或者父母会认为一定是自己做错了什么，才使宝宝和父母之间产生了问题，而这个问题需要去解决，也一定能解决。其结果就是许多父母最终抹杀了孩子的天性和能力，阻碍孩子去做自己力所能及的事情，同时迫使孩子去做他做不了的事情。

人们总是主观地认为宝宝"应该做"的事情不同于宝宝本身"能够做"的事情。事实上，这种看法只是基于父母一系列不现实的预期，并不是基于宝宝成长发育的内在规律，即使这些预期有一定的合理性，也不可能适用于每个宝宝。迫使宝宝去做他"应该做"的事是一场艰苦而充满挫败感的战斗。宝宝最了解自己是否饿了、烦了或者累了，也最清楚自己什么时候该翻身、什么时候该睡觉，或者什么时候该尝试固体食物。所以本书不会告诉你应该花多长时间喂他、抱他或者陪他玩，什么时间该让他吃一日三餐，或者希望他晚上什么时间睡着。相反，宝宝主导的育儿法将帮助你了解宝宝自身的内在规律以及需求变化，并让你相信他可以成为你的育儿向导。

宝宝主导的育儿法不是让宝宝来掌控你的生活，也不是纵容他以自己的方式任性，而是引导你如何简单地养育宝宝，并支持和帮助他的成长。这意味着父母需要寻找一种既能满足宝宝内在需求、符合其成长阶段，又能适合父母自己的育儿方式。给宝宝机会，让他遵从自己的直觉并练习自己的新技能，认可他对尝试新鲜事物做出的努力，知道如何在他认识这个世界的过程中支持、帮助他，而不是妄加干涉，父母必须认识到这样做的重要性。对许多父母来说，宝宝主导的育儿法是实现轻松、高效育儿的关键。

宝宝主导育儿法的理念贯穿于我们这一系列的几部书中。本书会告诉你这种方法是如何运作的，以及它如何让全家人的生活更加简单、轻松。可惜当年我们的孩子还小的时候，没有这样的书可以参考，否则我们当时就不会那么困惑，也能自信地知道，允许自己被孩子引导绝对不是懒惰或者不负责任，而是明智的、有价值的探索。

宝宝主导的育儿法是为所有父母设计的，无论你是职场父母还是全职父母，无论你的孩子是母乳喂养还是人工喂养，本书都适用于你。本书的大部分内容都是供父母双方学习的，但某些章节对妈妈更有针对性，因为妈妈是怀孕、分娩和哺乳过程的最直接参与者。

尽管本书重点关注宝宝美妙的怀抱期，但是宝宝主导育儿法的理念的适用范围远远超过这个阶段。从宝宝出生就采用这种育儿方式，能让你和宝宝之间尽早建立起亲密有爱的亲子关系，你会愿意从宝宝的视角看待事物，并相信他的判断和能力。当然，你也许无法时时或事事跟随宝宝的引导，但是我们希望本书能帮助你在任何情况下都尽可能了解宝宝的需求。在此方法的帮助下，你可以为他今后的成长奠定一个坚实的基础，从而继续陪伴、支持他度过学步期以及整个美好的童年。

致　谢

在此，我们想感谢每一位给我们提供过建议和想法，并帮助我们完成这本书的人，以及所有跟我们分享宝宝故事的父母。尤其要感谢克莱尔·戴维斯、卡梅尔·达菲、杰西卡·费卡洛斯、丽贝卡·哈维、黑泽尔·琼斯和夏洛蒂·拉塞尔针对最初的手稿给出的宝贵意见和反馈，以及她们给予的支持和启发。

也要感谢我们的编辑山姆·杰克森和路易斯·弗朗西斯对我们的耐心和宽容。还要感谢我们的代理人克莱尔·霍尔顿给予的无尽支持。最后，要感谢长期忍受折磨却始终无私支持我们的家人，他们忍受了我们无数个晚睡的夜晚，并总是默默地为我们续上热茶。

目 录
Contents

第1章
宝宝主导的育儿法

宝宝主导的育儿法关注的是每个孩子不同的需求、性格和能力。这种方法需要你从他呱呱坠地的那一刻起就接受他的引导，并且要认识到宝宝是能帮你以最合适的方法养育他的最佳人选，同时还要根据宝宝的成长变化做出适当变通。这样才有利于他以自己独特的节奏，更顺利、更自然地融入这个世界。

什么是宝宝主导的育儿法

宝宝主导育儿法的核心理念，就是要认可宝宝有着与生俱来的能力、生存本能和成长过程，以及学习和掌握新技能的内在驱动力。让宝宝做主导，就是要你相信宝宝知道自己需要什么，你要做的就是与他保持步调一致，听听他在告诉你什么，看看他都能做什么，从他的角度去看待事物，体会他的感受，相信他的直觉，并满足他的需求。

宝宝主导育儿法是建立在支持宝宝的自主性需求和尊重他们的成长意愿基础之上的。自主性是指宝宝能在一定程度上掌控自己的生活，对自己的事情有一定的发言权；成长意愿则是指每个宝宝都会以自己独特的节奏来拓展技能、能力，并实现心理成熟。所以，要让你的宝宝尽情探索他的世界，等他准备好的时候再让他练习新技能，让他遵从自己身体的信号，比如，累了就睡、饿了就吃，他想跟你黏在一起多久就任由他黏多久，这样才是尊重他的自主性，由他掌握自己的成长过程。

宝宝主导的育儿法就是让宝宝在与你、与别人的关系中扮演一个主动的角色。你要重视他的需求和偏好，而不是迫使他接受别人为他做的决定和准备。最终你会发现，他能凭借自己的力量改变自己正在参与的事情或正在接触的事物。宝宝主导的育儿法将成就你和他之间长久的合作伙伴关系，在这种关系中，他会告诉你他的需求，也会告诉你如何满足他的需求。让宝宝做主导，并不是说要让他控制你的生活，而是在合理范围内，让他尽可能地掌控自己的生活。

　　接受宝宝引导的感觉真的很好，你得让他们自己选择——不能强迫他们去喜欢他们不喜欢的东西，他们也是有思想的人！每个宝宝都是独一无二的，如果你希望自己的宝宝平和而快乐，你就要懂得变通，要根据宝宝的个性和特点来选择合适的养育方法。

　　——蒂娜，艾娃（9岁）、达蒙（2岁）和杰森（2岁）的妈妈

　　所有的宝宝到达每一个成长节点的顺序都相差无几，但他们到达每一个成长节点的时间都是不一样的。时机成熟，他们自然就会开始第一次甜甜地微笑、第一次蹒跚学步以及第一次咿呀学语，我们无法从外部加速这些进程。只要给他们机会去尝试和练习新的技能，到了一定的时间，他们自然而然就能掌握这些技能。很多时候，父母会被告知自己的宝宝在某个特定年龄段应该做到某些事，比如，多大该睡整夜觉，多大该断奶，但这些根本算不上婴儿时期正常的成长节点。很多人之所以有这样错误的认知，是基于社会的文化标准，而不是因为宝宝在那个时期的自然行为或者最新的科学研究。设定诸如此类不切实际的目标，让宝宝去迎合、达到别人的预期，会给父母及整个家庭带来巨大的压力。宝宝主导的育儿法倡导父母在任何成长阶段都要关注宝宝力所能及的、宝宝和父母都能接受的事，而不是宝宝应该做到的事。

实际生活中，宝宝主导的育儿法如何体现

简单地说，宝宝主导的育儿法就是让你通过以下方式让宝宝保持心情愉快：

● 充分听取他告诉你的信息，观察、捕捉他给出的提示，这样你才能知道他需要什么，并及时进行回应；

● 给他机会和空间，让他去做符合他当下成长阶段的事，并且要适应他的改变，比如，与他保持亲密，直到他给出信号表示他已经做好独立处理事情的准备；

● 跟随他的节奏，学着去了解他的自然周期及独特模式，据此（尽可能地）来调整你自己的习惯，并且相信，随着他的长大，他也会渐渐地适应你的节奏；

● 与他共情，透过他的视角看待事物，试着想象他的感受，找到方法，让每天的常规事项（比如换尿布、给宝宝穿衣服等），尽可能变得轻松且欢快；

● 明白他的需求和偏好可能每天都在变化，并做好应对这些变化的准备。

换言之，就是通过观察和倾听宝宝带给你的信息来帮你理解他的需求，然后进行回应并满足他的需求。

> 我总想给阿尔菲最多的爱和关注，却总会引起一些其他问题，我现在觉得只要确保他觉得舒服就好。
>
> ——瑞贝卡，阿尔菲（1岁）的妈妈

了解宝宝的需求

如果你能够想象宝宝是如何看待事物的，能够体会不同的情况会带给他什么样的感受，那么你就很容易掌握宝宝主导的育儿法了。这样对你们都有好处，你可以满足他的需要，他也不会因为自己的要求不被理解而感到挫败。要采用宝宝主导的方法，首先要明确一点，即你要认识到自己所知道的绝大部分事物都是通过实践经验得来的。对于宝宝也一样，世上的一切对他来说都是新鲜的，他只有通过自己的亲身体验，才能逐渐发现什么是安全的，谁是可以信赖的。

宝宝需要跟你保持亲密

宝宝出生时要靠直觉来引导和支配自身。无论出生于富户还是寒门，无论出生的时代科技多么发达，所有宝宝都是带着同样的本能、需求和欲望降生的。这些是我们人类赖以生存的动力，并和我们生存进化的环境有着密切的联系。其中，人类最基本的需求之一就是与熟悉的人保持亲密的关系，而这个需求也可能最不符合人们对 21 世纪出生的宝宝的要求，因

为现在人们都希望宝宝独立。

与其他大多数哺乳动物的幼崽相比，刚出生的婴儿能为自己做的事情实在太少，这是因为，婴儿出生时远不及那些动物幼崽发育成熟。实际上，这是一种进化适应性：在早期人类开始直立行走的时候，他们的大脑也进化得比之前更大一些，于是妈妈的骨盆就没有足够的空间来容纳发育完全成熟的宝宝头部。因此，人类经过又一轮进化，将分娩时间提前到宝宝的头还没那么大的时候。但是大脑的未完全成熟也意味着刚刚出生的婴儿极其脆弱，他们无法让自己远离伤害，无法调节自己的体温，也无法自己觅食。历史上，如果人类让自己的孩子孤身一人待在洞中，哪怕只是很短的时间，也可能将这个孩子置于危险的境地，他或者被捕食者吃掉，或者死于过热、过冷，又或者仅仅因为饥饿而死（因为母乳消化得非常快）。所以，我们经过进化，不再把孩子长时间单独留在洞穴或巢穴中，而是把他们带在身边。

在传统社会，基本上都是妈妈带孩子。妈妈的怀抱是最能让孩子感到安全的地方——从孩子出生那一刻起，妈妈就承担起养育、保护和温暖他的责任；而他还孕育在妈妈子宫的时候，就已经对妈妈的声音、气味和心跳非常熟悉了。这也是新生儿总是想待在妈妈身边的原因。此外，因为宝宝刚刚出生，对这个世界一无所知，他们没有时间和空间感，直觉告诉他们，无论白天还是夜晚，要保证绝对安全，就要待在离妈妈非常近的地方（至少是能闻得见她的气息的地方）。

当然，在 21 世纪的今天，这个后工业时代的世界给新生儿带来的威胁已不同往日，但我们的宝宝对此一无所知。没有妈妈在身边，他们会感到害怕。宝宝不像小猿猴那样能紧紧抓住猿猴妈妈的皮毛，也不像小鹿那样能在鹿妈妈奔跑的时候跟紧她，宝宝只能靠妈妈把自己带在身边，所以他会竭尽全力引起妈妈的注意，让她来保护自己。如果你离开他，他无法主动来找你；如果他看不见你或闻不到你的气味，他就不知道你在附近，不知道你会回到他身边，也就感觉不到安全，直到你出现才能让他安心。宝宝慢慢长大后不会再这么以为，因为他可以扭头看见你或者跑去找你，但是现在，他所能做的就是让你回来，如果你回来得不及时，或者把他抱起来的时候没说些安慰的话或亲昵地抚摸他，他会觉得你根本没听到他的呼唤，可能因此变得沮丧。

宝宝（不仅仅）需要妈妈

妈妈和她刚刚出生的宝宝有时被看成一个"二分体"，双方紧密联系又互相依赖，因此常常被视为一个整体。的确，只要一说到宝宝，就是指他们两个（宝宝在至少3个月以前都不知道自己是一个独立的个体）。这个新的组合很脆弱，他们的关系需要保护和维系，这时候就要爸爸（或其他亲人）来发挥作用。爸爸的首要任务就是保护这段刚刚建立的关系，助其稳固、加深。爸爸与宝宝的关系也很重要，但在一开始，维护宝宝和妈妈的关系尤为重要。

通过宝宝的视角看待事物，认识到你的存在让他感到多么安心和安慰，这有助于你学会以宝宝主导的方式去回应他。让宝宝来引导你的关键在于：你要相信宝宝知道自己需要什么，即使你不是次次都能明白他为什

么需要这个。

艾莎小的时候，我并不懂与孩子保持亲密有这么多好处，真希望当时能懂得这些。我生了赛米后，走到哪儿就用婴儿背带把赛米带到哪儿，我很喜欢让他待在我身边，这样就能随时闻到他的奶香味，我觉得世界上没有任何味道能比刚出生的宝宝身上的味道还好闻！他现在是个安静又有安全感的孩子，我敢确定这跟我们始终保持亲密是有关系的。

——詹妮，艾莎-梅（3岁）和赛米-李（20个月）的妈妈

宝宝需要安慰

感觉和情绪不仅反映了大脑的活动，而且能引发我们整个机体的生理反应。当我们感到高兴、伤心、害怕或焦虑时，体内分泌的激素就会被释放到血液中，从而影响我们的脉搏和呼吸，以及我们对当前发生的事情做出的反应。欢快的感觉会增加催产素和多巴胺的分泌，这类激素会使我们变得亲切友善，在身心放松的过程中感觉很舒服。而压力和恐惧则会促进肾上腺素和皮质醇的分泌，这类激素能帮助我们应对危险。通常来说，具有镇静作用的激素影响更大，所以我们得到安慰后，压力激素水平会骤降。这就是调节的过程。

大多数成年人都能分辨出危险是否已经解除，当他们感到沮丧时也能找到让自己振作起来的方法，换言之，就是他们能够自我调节。婴幼儿则做不到，因为他们还不能调整和控制自己的感受。他们感到有压力或害怕

的时候，无法自己"命令"大脑分泌具有镇静作用的激素，而是需要通过别人的安慰来帮助自己分泌这类激素。如果没有镇静激素的抑制，压力激素的作用要很久才能消退。

相信自己的直觉有些难度，但我觉得孩子哭就是需要我，即使这有可能只是我的自我安慰，那又怎么样呢？

——道恩，莱拉（5岁）和露比（2岁）的妈妈

宝宝不能等

一些父母在孩子需要他们的时候总是及时做出回应，有些人说这是在自讨苦吃，如果不让孩子经历等待，他就永远学不会有耐心。这根本讲不通。因为要学会有耐心，首先要对时间有概念，要能意识到别人的需求，并具有深入思考的能力，这些能力只有在进入童年以后才会逐渐获得。如果宝宝的求助没有得到及时回应，他首先会更急于让别人听到和理解他，至于他会坚持多久因个人性格及其所积累的过往经验而异，但如果最终还是没人过来，他或许会得出一个结论：尝试与他人沟通并没有用，还是放弃好了。但这跟耐心可不是一回事儿。

和大多数刚出生的宝宝一样，如果你的宝宝也表现得想得到很多关注，这并不表示他以后会一直这样，他只是还没有这方面的经验，不知道有"等待"这种行为。迅速回应他的需求可以帮助他获得自信，知道自己能够和你进行交流，并逐渐知道你在倾听他的想

法。这就是信任的开端，而信任则是耐心的基础，这也是宝宝学着去体会别人感受的开端。研究表明，能得到及时回应的孩子在成长过程中更善于社交和学习，而始终得不到及时回应的孩子则在这方面表现得要弱一些。

宝宝如果一直哭闹却没人来安慰，最终他也会自己安静下来，这时我们往往以为这个宝宝能够"自我安慰"。然而，他其实并不能以这种方式调节自己的情绪，研究表明，即使他停止哭泣，他体内的压力激素水平可能还是很高。相反，那些不高兴时总是（或绝大多数时候）能得到安慰的宝宝被证实体内保持着较高的镇静激素水平，此类激素对我们是很有益的，这是针对这些宝宝的整体状态得出的研究结果，并不仅仅针对他们一番哭闹过后的状态。

你不可能每次都能成功安慰宝宝，因为所有宝宝都会偶尔哭闹，你不可能每次都能搞清楚他哭闹的原因。但是，当宝宝不开心时，能够认可他的感受，并给予安慰，即使不能完全解决问题，也能够帮助他学会有效应对压力和不快，从而让他在面对以后生活中的坎坷时具有一定的抗压性。

我妈妈小的时候，别人告诉外婆，除非她饿了，不然就由她去哭，不要管她。外婆说这让她特别煎熬。她很羡慕没人阻止我随时把本带在身边，并且对本很少哭闹这一点感到很惊喜。

——加比，本（5个月）的妈妈

宝宝需要感觉到安全

感觉安全对我们每个人都很重要，它不光是指我们感觉到自己现在很好，还包括一种更深层次的安全感，这种安全感能增添我们探索新事物的勇气。待在我们感觉安全的地方去看任何未知的或不可预测的事物，这样我们就不会觉得那么害怕了；宝宝越有安全感，就越能尽情地去学习、去享受新鲜的体验。

让宝宝感觉最安全的地方就是父母的怀抱，亲昵地抱着宝宝能让他更有效地了解、认知周围的事物。

宝宝对陌生人和陌生的地方尤为恐惧，而父母很容易忘记，他们自己熟悉的人或地方宝宝并不一定也熟悉。如果宝宝见到以前未曾见过的人、来到未曾到过的地方，你抱着他，他就能较好地适应；如果他感觉不到你在身边，则会有些慌乱。在他能自己走开和回到你身边之前，你都需要主动将他带在身边。甚至以后他能满屋子爬了，也还是需要你在身边——他会回到和你分开的地方找你。宝宝最清楚他自己对你的需要，你要做的就是给他提供一个"安全基地"，让他能置身其中去观察新的环境，从而决定什么时候去探索这个新环境。

我对贝瑟妮就像对待大孩子或者我的朋友一样尊重。我知道有些父母很怕这样做之后就没法再管教孩子了，但是我发现恰恰相反，这样做让她不再害怕我们。现在她已经长大一些了，如果她摔坏什么东西，不会偷偷藏起来，而是会如实告诉我们，她是个很乖的孩子！

——凯特，贝瑟妮（2岁）的妈妈

宝宝需要机会来发展技能

宝宝的技能都是逐渐发展的，尽管你觉得宝宝好像突然之间就会做某件事了（今天他还不会笑，不会去抓自己的脚趾或者不会叫"爸爸"，到了第二天，他突然间就会了），但实际上，他已经为这一刻努力很久了。比如，他要花四五个月的时间反复尝试，锻炼肌肉力量和身体协调性，这样才能掌握第一次翻身所需要的（以及不需要的）各种动作要领。

宝宝不需要任何人来推动他的发展，但是需要父母给他们机会和空间，以适合自己的节奏来练习。比如，学会翻身这个技能需要足够的时间和空间进行反复尝试，有时候宝宝即使只是在床上躺着或者在换尿布，实际上他们也在进行着尝试。在他们向下一个技能进发之前，需要通过反复练习来巩固这一项刚刚掌握的技能。每一个新动作的习得都建立在已经掌握上一个动作的基础上，而且需要不断地尝试和改进。让宝宝按照自己的时间表来发展，就意味着给了他们充足的时间来打牢基础。相反，如果催促他们快速学会某项技能，则可能导致后面即将学习的技能根基不稳。这就和一个大一点儿的孩子骑自行车，还没学好稳稳地起步、停车，就要玩前轮离地特技是一个道理。宝宝首先要反复练习基本动作，在他们觉得做好了充分准备后，自然会开始学习下一项技能，在这一点上，没有任何捷径可言。

宝宝主导的方法就是允许你的宝宝拓展自己的能力范围，让他去尝试自己感兴趣的事物，而不是替他决定接下来要做什么。比如，给他足够的时间去把玩自己的手指、脚趾，用手抓捏东西，等等。基本上，这就是一个有关如何与宝宝相处的问题，要注意发现他对什么感兴趣，不要因为你认为他还没准备好，就限制或者阻止他去尝试新鲜事物。他会很自然地想要观察、把玩很多不同的物件，从中锻炼自己的手眼协调性和灵敏性，并通过晃动胳膊来增加力量和灵活度。他也想面对面地对话和倾听，这样他才能学会做出各种表情、发出各种声音。让宝宝告诉你他能做什么，要相信他对于自己该做什么、能做什么心中有数，这样才能确保他以最适合的速度成长。

培养宝宝真正的自立

养育孩子的最终目的是让他学会自立。单从字面意思来看，这意味着他们不再需要别人。对雄性的老虎幼崽来说，这倒是对的，因为它注定一生独来独往。但对大多数人类来说，这是行不通的，作为家庭和某个群体的一员，人们渴望与他人进行互动沟通。对他人有一定程度的依赖是正常的，也是可取的。大多数成年人在难过的时候都乐于向家人和朋友寻求帮助，哪怕他们能给的只是安慰而已。如果我们完完全全独立，那俱乐部、团队或者在线论坛就没有存在的意义了。

婴幼儿都需要支持和安慰才能在依赖与独立之间取得平衡。有些宝宝还没做好准备，就被迫独自处理问题，也许他们看起来很独立，但是这

种独立跟真正的自立是不一样的。长远来看，一方面，宝宝如果总是习惯"戴着坚强勇敢的面具"，那在他们真正需要帮助的时候就很难开口求助，即使有人主动提供帮助，他们也很难欣然接受；另一方面，如果宝宝的能力总是得不到认可，他的喜好也被无视，而又总是被阻碍去做自己想做的事情，那他就可能变得犹豫不决、瞻前顾后，最终，在任何事情上都对别人言听计从。所以，培养真正的独立并不是那么容易的。

当宝宝表现出他需要帮助时，你要及时提供帮助，并要相信他知道自身的能力和局限，这是帮助他培养合理自信的最佳方法。随着他不断长大，这种支持会让他更有可能在必要时变得自立，这种自立让他能够在需要的时候寻求和接受帮助，也能意识到别人是否需要他的帮助。

> 我的父母是以一种非常温和的方式将我养大的，起初我并没有认识到这对我有什么影响，直到我有了伊芙琳。跟我丈夫相比，我比较容易接受和面对有了孩子后的一切事情，而我丈夫是以一种完全相反的方式被养大的。我似乎比他更耐心一些。我希望伊芙琳将来有了自己的孩子，最好也能温和地去教养他。
>
> ——谢丽尔，伊芙琳（2岁）的妈妈

父母主导的育儿法有何弊端

　　宝宝主导的育儿法并不是一种新出现的方法，但是它与其他育儿方法非常不同。跟随宝宝的引导基本上可以说是父母主导的育儿法的对立面了，后者通常都会制订或采用预先制订的育儿计划。父母主导的育儿法会指定孩子吃东西、睡觉和玩耍的时间，短期来看，这很有效果，但是这样的方法很少考虑宝宝所处的成长阶段和他的个性，也很少考虑他（和他父母）的需求及心情随时都在变化这个事实。

　　在实际生活中，许多父母为了按照时间表行事，反而让自己陷入了与宝宝的"战争"中。这是因为父母为了跟着计划走，不得不忽略宝宝的需求。比如，父母按照计划的时间哄宝宝睡觉，而宝宝并不困；又如，宝宝向父母表示他饿了，父母却硬要他等到该喂奶的时间再让他吃。通常，按计划育儿的父母总是花大量的时间去哄哭闹的宝宝，直到"规定"的时间到了，才满足他的要求。

　　　　最开始，我有时会想自己是不是一个好妈妈，因为如果露露
　　不困，即使到了她该睡觉的时间，我也不会让她必须躺在婴儿床

上或者哄她入睡，而且她只要想吃奶我就会喂她。我就是没法逆
着她的意愿来，因为我不想让她哭。我一直觉得这很糟糕，直
到我遇见同样这么做的其他妈妈，通过她们我才知道这样做并没
有错。

——安妮，露露（2岁）的妈妈

对于那些每个人生来就会的本能行为，宝宝根本不需要被劝着做或
接受"训练"。他们知道自己什么时候累了或者什么时候饿了，他们的
生存本能早就教会他们要竭尽所能满足自己这些基本需求。当宝宝的身
体告诉他需要什么的时候，父母却要他等到合理的时间才能满足他，这
是一件令人心力交瘁的事情。固定的育儿计划可能会严重扰乱母乳喂养
和宝宝的作息时间。许多父母也表示，按计划育儿没有灵活性，这一点
让他们感到非常纠结。比如，如果要坐很长时间的车去朋友家做客，就
不得不打乱预先制订的宝宝进食、睡眠时间表。

按计划育儿的方法似乎能够帮助父母在宝宝出生后的前几周或前几个
月应对一些不确定性，以及因此会导致的混乱。然而，这种不确定性持续
不了多久。大多数采用宝宝主导方法的父母发现，宝宝自己的生活模式会
自然而然地越来越明晰。掌握宝宝的节奏和规律，以及他的需求，父母就
能对生活更有预见性。

随着宝宝不断长大，他们会不断变化，需求也会随之发生变化。不同
于他人制订的计划，宝宝自己的生活模式以适合他们的节奏建立，随着他
们的变化而变化，这样也能给你时间，让你顺其自然地适应这些成长及需
求的改变。倾听并满足他的需求，并确保这样不会宠坏他，也不会造成以

后在你不得不为他做某些决定的时候，他会不听你的话。这样你才能陪着他一起成长，并不断加固你们之间的亲子关系，这种良好的亲子关系将在他的童年发挥更大的作用。

　　在有孩子以前，我完全不知道有这么多不同的育儿方法。怀孕以后，我偶遇朋友，得知她们采用的是按计划育儿的方法，但她们都觉得严格遵守时间表让她们非常有压力。而且，西恩娜在不断地变化，严格按照时间表来照顾她一定很难，灵活一点儿的方法能更好地应对这些变化。

——蕾切尔，西恩娜（7个月）的妈妈

本 章 要 点

◆宝宝主导的育儿法尊重宝宝的自主性和成长意愿。这种方法会给宝宝机会，让他们在准备好的时候自己做决定。

◆宝宝主导的方法能够为父母与孩子之间建立信任和牢固关系奠定基础。

◆刚出生的宝宝在温饱得到满足的前提下，最基本的需求就是与另一个人亲近。

◆宝宝没有能力调节自己的情绪，也不知道什么是等待，所以当他们不开心的时候，需要有人来安慰。

◆宝宝需要感觉到安全，这样才能有足够的信心应对新鲜事物。父母的怀抱是最能让他们感到安全的地方。

◆宝宝觉得自己已经做好准备后，需要机会来发挥他们的能力、发展新的技能，当然，是按照他们自己的节奏。

◆真正的自立是不能靠强迫来实现的，而需要支持与培养。宝宝主导的育儿法能帮助宝宝对自己的能力建立信心，从而逐渐实现真正的自立。

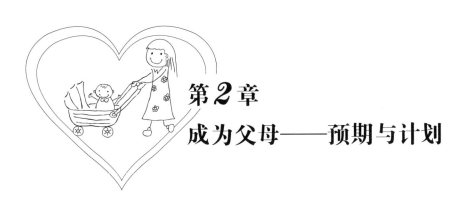

第2章
成为父母——预期与计划

在期待宝宝到来的过程中，你总会想象他出生后的生活会是怎样的，特别是如果这是你的第一个孩子的话。当你感受着胎动，看着肚子慢慢变大，就会不自觉地开始想象，宝宝会长得像谁呢，会比较活泼还是比较文静，也会设想自己将会是个怎样的父母。

父母对宝宝的预期

你在怀孕时对宝宝的想象和预期都是有根源的，那基本上是你自孩童时代起所见所闻的集合。比如，你看到其他家长是怎么做的，你在生活中听过、看过、读过的关于宝宝的种种表现，等等。现如今，我们大多数人都是在成员较少的小家庭中长大的，不像以前，都是整个家族住在一起。所以现在我们直到成年，可能都没什么机会照顾一个小孩子，有些人甚至都没抱过孩子。但即便我们有着照顾孩子的丰富经验，也无法预料父母这个身份究竟会给我们带来什么变化，至少有第一个孩子的时候是这样的。我们几乎无法想象，那些从未有过的情绪将如何影响我们的决定及看待事物的角度。许多父母在面对自己的宝宝时都发现，养育宝宝这件事，内心的预期与现实的情况还是有很大差别的。大多数父母最终都会意识到，有了宝宝之后的生活跟之前想象的完全不同。

我成为妈妈的那一刻就像变了一个人，我对所有事物的看法都改变了。

——丽安，艾玛（5岁）、哈里（3岁）和

杰克（6个月）的妈妈

期待宝宝（尤其是你们的第一个宝宝）到来的过程中最想象不到的事情之一，就是他会有多么依赖你，无论晚上还是白天。许多准父母都会担心他们该如何应对被一个人如此地需要；还有些准父母则很自信，认为有了宝宝之后也不会给生活带来多大改变。大多数人单纯地相信经过长时间的接触与磨合，最终总能找到让父母和宝宝双方都舒服的相处模式。而无论你是否积极地去寻求建议，总会有人告诉你他们认为最好的育儿方法是什么。但是，一定要记住，某些你从书上看来的，或是从别人口中得知的关于宝宝成长的信息有可能是错误的。还有，要知道，你的宝宝是独一无二的，因为没有人当过他的父母，所以没人知道关于他所有成长问题的答案。作为父母，你要搞清楚自己的预期来源于什么，并了解别人告诉你的想法和建议是基于什么，从而帮助自己找到正确的方法，应对成为父母之后不可避免地会遇到的意外和挫败。

> 我期待中的事，艾利克斯一件也没做。本以为产假会是我的私人时间，想象着宝宝吃饱喝足后，安稳地睡着觉，我就可以看点儿好书，放松一下。但他只肯让我抱着吃奶和睡觉，根本不让我把他放下。
>
> ——玛丽，艾利克斯（4岁）和弗雷娅（18个月）的妈妈

社会如何看待宝宝的行为

初为父母，有时候总免不了被问，你的孩子"乖"吗？这种认知源于一种传统而普遍的观点，认为宝宝的表现只分为乖和不乖两种。容易满

足的宝宝就被认为是乖的，而那些表现出需要很多关注的宝宝则被认为不乖。但对大多数健康的宝宝来说，在不满意的时候表示抗议很正常，比如，当他们远离父母感到不安的时候，或者他们感到烦了、累了的时候。太乖的宝宝反而会错失很多关注与陪伴，有了这些他们本能够更加健康快乐地成长。

俗话说，有什么样的父母就有什么样的孩子。人们总是认为一个乖孩子背后有着一对好父母。所以爸爸和妈妈都很有压力，想让自己的孩子符合他们（或他人）认为合理的规范。这包括让宝宝以大家普遍认可的规范要求自己的行为举止，但这却并不符合宝宝自然成长的过程。比如，父母会被告知，他们的宝宝几岁应该睡整夜觉，几岁应该适应独自在房间睡觉；什么时候应该能自己玩玩具来自娱自乐，什么时候应该对只能在指定时间吃东西不再有异议。这些大多数都是不切实际的预期，它们出现的原因就是搞不清楚正常的成长节点下自然发生的行为（如第一次微笑、翻身和迈步，这些都是在适当的时间自然而然发生的）和情绪及自信支配下的行为（无时间限制）之间的区别。

当宝宝的表现达不到父母或者他人的期望，许多父母就会开始想办法纠正。他们总是认为，一定是孩子或者他们自己哪里出了问题，并试图找出问题所在。但实际上，大多数宝宝的行为举止都非常正常。宝宝知道自己需要做什么，如果父母不清楚他这么做的原因而一味试图改变他这种行为举止，通常起不了作用。你需要从宝宝的角度来看问题，把自己和他人的期望都抛在脑后，这样你一定会理解他为什么这么做，从而更加自信地做出回应。

有时候别人会告诉我应该以某种方式来对待孩子，我也许会当着他们的面按照他们说的做，或者告诉他们我回去就试试，然而我私下还是坚持以前的做法。我知道什么样的方式适合我的宝宝，适合别人宝宝的不一定适合我的宝宝。

——路易斯，斯凯（7个月）的妈妈

宝宝不仅仅想要吃东西、玩耍或者被抱着，他们还需要这些需求被满足的感觉。一旦这些需求没有得到满足，他们就无法产生安全和被爱的感觉，随后就会向我们传达不满的信号，如果没人听他的诉求，他会马上变得非常烦躁。宝宝想要从照顾他的人那里得到回应是一种正常且本能的需求，有人却认为这样的宝宝强势、要求苛刻，还会耍手段，仿佛这个孩子在骗自己的父母来满足他的需求，但宝宝那么小，他的实际思维运作模式还达不到这种程度。宝宝生活在当下这一刻，他们没有能力超前打算以后的事情，也不知道自己的行为（或他人的行为）会产生什么后果，更无法想象别人对此会有什么感受。宝宝不开心的时候只知道自己是这样的感受，目前，他还无法知道自己的需求会对你产生什么影响，并且就像我们之前已经讲过的，他还不懂得等待，所以不可能等到更方便的时间来提出他现在紧急的需求。

有宝宝之前，很难想象养孩子会需要付出多少——千万不要低估。我本已经习惯了繁重的工作，但是养育一个孩子的工作量真是前所未有的大。

——西蒙，约书亚（4岁）和菲利克斯（6个月）的爸爸

人们总是对宝宝的想法及表现有一些常见的错误认识，这常常影响父母们的判断，特别是当你的长辈们作为养育孩子的过来人，用这些错误的认识对你狂轰滥炸的时候。每个宝宝的性格都是不一样的：有些宝宝天生很好相处，有些则需要更多的激励和安慰。作为父母，应该多花时间去了解你的宝宝，更好地察觉他的需要，从而更清楚地知道你所做的是否正是他想要的。

父母对自己的预期

基本上，我们所认为的母爱和父爱天性，其实都不是与生俱来的，而是我们成长过程中积累的经验。我们天生会被自己的宝宝吸引，爱上他们，并不自觉地想要回应他们。但是我们如何回应，很大程度上则取决于我们看到的周围人的做法、朋友们采取的方法、各种媒介推荐的方法，以及我们自己的亲身经历。

很多人都觉得父母照顾他们的方式就是"标准"方式，即使他们没法确切描述这种方式。当他们自己要做父母的时候，一些人会想都不想就遵循自己父母的做法；另一些人则开始审视自己的童年经历，并思考自己是要以同样的方式对待自己的孩子，还是要有所改变。许多人都发现他们的另一半总是与自己意见相左，因为每个人都会受到自己小时候亲身经历的影响。

> 我从小就有很明确的想法，知道自己以后要当一个什么样的妈妈。我小时候被母乳喂养了很长时间，妈妈有时候会吼我，但没打过我，而且她说她吼过我之后都很后悔。我一直认为所有妈妈都是这样对待孩子的，直到我上了中学才意识到，大家的童年各不相同。当时我就决定，我会仿照我妈妈养育我的方式来养育我的孩子，不过，我花了好多时间去说服我的丈夫，因为他小时候经历的严厉管教并不适用于我们自己的孩子。
>
> ——乔，玛德琳（2岁）的妈妈

无论你想成为什么样的父亲或母亲，都需要反思一下你的父母养育你的方法，因为这很可能会成为你对自己孩子的默认型回应，特别是在情急之下。如果你所接受的照顾大多比较积极正面，那么你会更容易采用一种循循善诱的方式养育自己的孩子。但如果你的父母照顾你时负面情绪居多，那么你可能会发现自己某些时候对待孩子会有些粗暴。不过，这些早已存在你内心的反应并不是一成不变的，而是可以忘掉或改变的。给自己充足的时间抱抱你的宝宝，仔细听听他想告诉你什么，学会通过他的眼睛看世界，这样你才会明白他需要你做什么。

重新审视自己父母的养育方法对一些人来说完全没有问题，但另一些人可能就没法感觉那么轻松。慎重思考后，如果你决定按照你父母的方式来养育宝宝，那么可能会进一步拉近你和你父母间的关系，也会让他们更愿意帮你一起照顾宝宝。相反，如果选择摒弃一些或者全盘否定父母养育你的方式，并决定采用一种完全不同的方式来养育自己的孩子，就会让你和你的父母陷入尴尬处境，并且会让他们感觉这是无声的批判，让他们很受伤。但一定要记住一点，任何时候，大多数父母总是以孩子的利益为中心，并总想提供给孩子最好的。你也必须认识到，大多数初为父母的人都会深受自己周围的人养育孩子方式的影响，如果非要选择一种与众不同的育儿方式，也是有很多困难的。另外，虽然我们都是根据自己当时掌握的信息做出决定的，但是要知道，我们也是有可能做错决定的。

当然，并不是每个人都能知道父母是如何养育婴儿时期的自己的。因为某些父母可能已经离世，某些可能联系不上，某些可能记不起他们是怎么做的了，又或者是不愿意谈这些。所以，尽管你可能会记得稍微大一些的时候父母是如何对待你的，并通过这些线索来推测更小的时候基本情况是怎样的，但你不可能回想起那时候与父母相处的细节。这种情况下，你可能会有些不确定该怎么做，也可能会更自由地自己决定要怎么做，或者会决定相信自己的宝宝就好。

霍莉出生几年前，我妈妈就去世了。我都没怎么问过她我们小时候她是怎样养我们的，我压根儿不感兴趣，直到我想有自己的孩子了。我问过爸爸我小的时候吃了多长时间母乳，但他根本不知道。他只是说："我想你妈妈应该是在该断奶的时候就给你断奶了。"我记得霍莉刚出生的时候，我感到有些不知所措，那时候我真的很想妈妈。有一次霍莉哭了，我紧紧地抱着她，有节奏地轻拍着她的后背，嘴里重复着："没事了，没事了，妈妈在。"那一刻突然感觉好熟悉，我敢肯定这是因为我小时候妈妈就是这样做的，而且给我留下了特别深刻的记忆。那之后我就自信多了，我像是突然知道要怎么跟自己的宝宝相处了。

——斯特拉，霍莉（7 个月）的妈妈

先辈们留下的遗赠

你的父母如何养育你，主要受两方面因素影响：一是他们的父母是如何养育他们的；二是你小的时候社会上流行的育儿理念。尽管一直都有懂得回应孩子的父母（当然回应的程度不同），也有些育儿书籍提倡要满足孩子的需求，但一个多世纪以来，都是父母主导的育儿理念占主流地位。这个理念可能大大影响了你的童年，以及你对育儿的理解。

近几代的父母总是会听到这样的建议：孩子一哭闹就抱起来安慰是不行的，这样会"宠坏"他们。这分明是打击宝宝想要亲近父母的需求和对被照顾的本能渴望。比如，20 世纪 30 ～ 60 年代，母子间的分离时间被大大提前，宝宝刚出生就被抱走，每 4 小时抱过来喂一次母乳，好让妈妈可以休息。宝宝出生后的第一晚通常都是在医院的婴儿房里度过的，在那里会有护士用奶瓶给他们喂奶，而妈妈则按照医生的叮嘱，回家后才能开始按时间计划给宝宝哺乳。这就是说宝宝出生后，很长时间是见不到妈妈的，这也大大减少了母乳喂养的总体时间。

一方面想让宝宝一直待在自己身边，另一方面又顶着如果这样做就是溺爱他的公众压力，父母们在二者之间进退两难。许多父母都觉得这些严苛的条条框框实践起来实在太折磨人。终于，到了 20 世纪 70 ～ 80 年代，稍显温和的方式开始占据一席之地（尽管又过了一二十年，医院那些严苛

的做法才开始有所变化）。然而，很多老旧的理念仍然根深蒂固，近些年，更加严格的方法再次流行起来，即使已有研究表明这不利于孩子的发展。

祖父母们受以往自身经验的影响，有时很难完全明白如果他们的孩子选择了另一种养育方式，也就是与他们以前采用的育儿方式不同的方式，自己应该怎样来辅助孩子养育孙辈。比如，如果他们以前养育你的时候经常被告诫不要总是抱着你，并被建议按照时间计划来喂你母乳，那他们就很难理解现在你们总是走到哪儿都抱着孩子，并且他一饿了就给他哺乳。不过，还是有一些祖父母很开放，乐于接受新的想法，并且他们当初刚有孩子的时候也反思过自己父母的育儿方法，同样摒弃了一些不适当的手段。

> 面对哭闹的儿子不能去安慰，我真的感觉特别煎熬，而且他是我的第一个孩子。他哭得那么绝望，我却不得不强迫自己置若罔闻，因为他们告诉我，如果我在不该管他的时候过去安慰他，就会宠坏他。到了我的第二个和第三个孩子，就变得好多了，因为我决定对他们宽松一些。但我还是不敢在他们每次哭闹时都把他们抱起来，因为万一其他人的警告是对的呢。
>
> ——贝蒂，3 个孩子（均生于 20 世纪 50 年代）的妈妈，
>
> 7 个孙辈孩子的祖母

现代的挑战

21 世纪的生活方式让父母们很难实施自己真正推崇的育儿方法。比

如，当涉及产假、陪产假以及父母双方是否都需要出去工作这些问题时，租金和按揭会给许多双收入家庭带来很大的经济压力。许多女性生第一个孩子的年龄都要比她们的妈妈当年生第一个孩子的年龄大。她们或许已经在事业上小有成就，很难想象自己该如何平衡工作和当了妈妈以后的家庭生活之间的关系。

现在，爸爸的定义也改变了。一到两代人以前，基本没有哪位爸爸会真正做什么爸爸该做的事，如果有人做，就会让人觉得是件很新鲜的事。许多爸爸都感到很纠结，不知道是不是应该参与照顾宝宝；大多数爸爸对于将育儿划归为女性单独负责的领域感到很高兴，自己则只负责赚钱养家。如今，尽管有些爸爸在家办公，还有一些做起了全职爸爸，但还有很多爸爸大部分时间在外面工作。他们中的大部分已经不能仅仅满足于回来后看到已经入睡的宝宝或者只有周末才能陪孩子了。面对共同养育下一代的义务，如果分工不合理会让夫妻关系变得紧张。

找到适合自己的方式

与另一半交流不同的育儿方式是夫妻双方准备共同育儿的重要一步。分享一些各自小时候的事，能让双方知道对方被养育的方式与自己的有何相同和不同之处。你们可以一起讨论如何看待一些父母对孩子的某种行为做出的反应，以及如果自己遇到这种情况会如何处理，看看双方的想法是不谋而合还是意见相左。当然，没有必要事事都达成一致，只要你的想法现在还不是完全不可动摇，后续都是可以改变的。重要的是学会接受不同的方式，并愿意考虑宝宝自己的意愿。如果你是一位单亲父母，可以多跟

有孩子的朋友或亲戚聊天，这样也能帮到你很多。即使他们不能每天跟你分享种种育儿经历，但是将他们作为参照，能让你知道自己想成为什么样的父母。

怀着艾莉的时候，我们就决定以后不能溺爱她。所以我们达成一致，不会她一哭就把她抱起来，到时间就必须让她睡觉，等等。但等到她出生以后，那些事我一件都做不到。那样做感觉是违背天性的，而且也会疏远我们的关系。现在，我对自己的几个孩子都没有任何强制的规定，只是给他们无条件的爱，我觉得这样就很好。

——琳恩，艾莉（6岁）、约瑟夫（2岁）和

贝莉（10个月）的妈妈

怀孕——育儿历程的开始

怀孕是对未来展开美好想象的时期，也是开始了解宝宝的时期。有些父母自打怀疑或确认怀孕之后，就开始与肚子里的小生命建立了情感的联系。另一些父母在感觉到宝宝胎动或者看到扫描仪器上的图像后，才会突然受到触动，认识到这是一个真实的小生命，然后开始期待早日见到他。

怀孕之初，宝宝就已经开始回应母体外的种种刺激，同时开始认识母体外的世界了。他能在羊水中尝到不同食物的味道，也能感觉到光亮和黑暗的变化，但他对声音和动作的反应最为明显。许多准妈妈会经常按摩隆起的腹部，给腹中的宝宝唱歌、跟他讲话，甚至讲故事给他听。研究表明，出生后，宝宝似乎能辨认出这些听过的故事和曲调，并且听到后会安静下来。

许多准妈妈都对自己还未出世的宝宝有着极强的保护欲。一旦突然出现巨大的噪声，有些准妈妈会不自觉地赶紧护住自己的孕肚，好像在安抚宝宝，她们通常都是下意识这样做的。扫描结果显示，子宫中的宝宝突然受到巨大声响的刺激时，的确会出现类似于哭的反应。研究也表明，子宫中的宝宝在听到妈妈的声音时，心跳会有变化；如果听到音乐，会随之摆动双臂。双胞胎、多胞胎或者有不止一个孩子的妈妈通常会发现，孕期每个宝宝的表现都不尽相同，他们的表现似乎可以预示他们出生后的性格特点。

我开始怀着他们的时候，并没有什么感觉，直到第一次做超声波扫描。也就是那时，我们才知道怀了双胞胎，简直太开心了。当他们开始胎动后，马科斯表现得比较安静；马里奥斯则总是动来动去，他更像我的大女儿茱莉娅。所以我从那时候起就知道他们有着截然不同的性格。

——吉娜，茱莉娅（11岁）、马里奥斯（3岁）和
马科斯（3岁）的妈妈

如果你想和自己还未出世的宝宝建立起亲子关系，但又发现不是很容易，那么以下这些建议或许能帮到你：想象着他就在你的子宫里，通过上网、使用手机应用或查找书籍来关注了解他每周的成长变化。经常按摩隆起的腹部，给他唱歌，直接对着他说话，而不仅仅是谈论关于他的话题。提到他的时候要叫他的名字（如果你已经给他取好名字的话），或者给他取一个小名儿。最初几次你放开声音跟他讲话可能会感觉有点怪，但次数多了，就会觉得很自然了。而且无论你跟他说什么，或者选了什么音乐和故事，只要你喜欢的，他基本上都会喜欢。

产前抑郁

相比于产后抑郁，孕期抑郁（也称产前抑郁）我们听得比较少，但不少女性确实有过这个遭遇。产前抑郁会干扰你和还未出世的宝宝建立亲子关系，并使你更容易患产后抑郁。如果你在怀孕期间出现如长期焦虑、自责、极度疲劳，或者总是情绪低落甚至哭泣的情况，那就要好好跟你的助产士或医生谈一谈了。

父母在期待第二个孩子到来的过程中可能会感觉心情很复杂。有些父母觉得，自己已经那么深爱第一个孩子了，很难想象再对另一个孩子付出同样的爱。他们可能会好奇，自己的爱究竟能够延伸到怎样的广度和深度，也可能因为觉得这样似乎背叛了第一个孩子而感到害怕。然而，一旦宝宝出生，所有的疑虑就都烟消云散了，因为大多数父母都发现，他们会像爱第一个孩子一样爱这个孩子，父母对每个孩子的爱都一样深。

我以为我再也不能像爱茉莉一样爱我其他的孩子了——想都不敢想。每个人都觉得我一定很期待第二个宝宝的出生，但时间越临近，我越觉得害怕。后来发现，我的担心真是多余的，在看到小约书亚那一刻，感觉全来了，我才意识到他的到来让我的人生更完整了。爱是无限的，它可以无限延伸放大去接受新成员，并不需要把已经享受到这份爱的人赶走来给新成员腾位置。

——萨莎，茉莉（3岁）和约书亚（6个月）的妈妈

准备迎接宝宝的到来

到了怀孕的最后几个月，是时候好好想想，你要怎么欢迎宝宝来到这个世界，以及怎样能更快地开始熟悉对方了。你可以把自己的想法都写下来，这样可以更明确你希望分娩的时候怎么样，分娩后的前几个小时如何如何，宝宝住院期间又应该怎样。比如，你或许对谁陪同分娩，以及产后前几个小时谁陪在身边早就有了人选（许多父母都感到太早开始接待来探望的亲友会耗费太多精力）。当然，你不可能准确预料到时候到底会发生什么，但是列出一个分娩计划能让助产士和其他人知道你希望怎样做，并且如果一切都发生得让人措手不及的话，还可以有个计划来参考。

宝宝主导育儿法
Baby-led Parenting

分娩计划小贴士

以下几件分娩时会面临的事，你最好提前和你的助产士沟通好，这样你才能知道到时候可能会发生什么，以及还有什么可行的第二方案：

● 医疗措施和用药：分娩时用的某些药物（包括那些用来缓解疼痛的药物）会让宝宝出生后的前几天异常嗜睡，这会干扰他们的自然作息，也可能会延迟母子建立亲子关系的时间。

● 剪脐带：现在，很多助产士和产科医师都会等到脐带完全停止脉动再将其剪断。这样能让宝宝有一个逐渐适应靠自己呼吸的过程，并能通过脐带向其输送更多的血液和铁元素，防止新生儿贫血和缺铁。

● 肌肤接触：分娩之后，你会有机会让宝宝在胸前躺一会儿，肌肤贴着肌肤。但是你或许需要提前想一些办法，确保产后这一个小时左右的时间尽量不要被人打扰。

第3章将会提供更多如何欢迎宝宝到来的详细建议。

提前制订一个分娩计划能让妈妈预先考虑一些事情的细节，比如，入院时要带什么东西，自然分娩（或剖宫产手术）时要穿什么衣服，等等。需要跟宝宝肌肤接触时，穿夹克式睡衣、宽松的开衫、衬衣（或者后面系带的医院罩衣）要比穿 T 恤或睡袍方便多了。如果你可以选择在哪家医院分娩的话，去打听一下当地哪家医院是"婴儿友好"（即加入了联合国儿童基金会英国婴儿友好倡议）的医院，或者哪家医院有母乳喂养方面的专家医生，然后参考这些相关信息来决定选择哪家医院。选择"婴儿友好"的医院你就可以完全放心，因为这类医院会支持你从宝宝一出生就进行母乳喂养。

许多夫妻发现，如果他们事前已经讨论好分娩时和产后的几个小时或几天的安排（在条件允许的情况下），那么孕妇分娩时就更容易集中精力。

制订产后几周计划

宝宝出生后的前几周，父母就要开始跟他建立起稳固的、宝宝主导的亲子关系了。父母要提前规划这段特殊的时期，才能更充分地对其加以利用，取得满意的成果。许多父母都很重视这个时期，决定要度一个为期两周的"宝宝蜜月"（详见第4章，有点类似我们所说的"坐月子"），利用这两周时间从分娩的惊涛骇浪中慢慢恢复，开始适应母乳喂养并逐渐形成规律，同时利用这段时间去了解他们的宝宝。"宝宝蜜月"的目的就是让身边围绕着真正能帮助自己的人，并将每天可能发生的意外情况降到最少。产前的最后几周正是考虑宝宝出生后你要怎么做的好时机，下面的问题或许能让你理清头绪，开始制订计划：

- 想待在自己家里还是亲戚家？
- 希望见到谁，暂时不希望见到谁？
- 希望谁过来住在家里，帮忙照顾我们？
- 怎样能让一日三餐的准备和家务劳动变得简单？
- 我们需要何种帮助来照顾好我们的其他孩子？

给家里其他孩子打好"预防针"

新生儿的到来对家里其他孩子来说无疑是件大事，孩子年龄越小，越会感到不安。许多父母发现，如果事先让孩子尽可能知道弟弟或妹妹出生后的生活会是什么样的，那么新生儿出生后，他们会更容易接受。你可以告诉他们小宝宝出生后会做什么（不会做什么），跟他们解释清楚刚出生的宝宝有多需要妈妈（就像他们小时候一样），这就是一个很好的开始。一起观看他们刚出生时候的照片或录像，跟他们分享关于新生儿出生的书籍都会有帮助。另外，你还可以带他们去朋友家或者母婴社团看看其他出生不久的小宝宝，聊聊宝宝们都在干什么（通常都是吃奶、睡觉、依偎在父母怀里），这也是一种有效的方法，让孩子能够大致知道有了弟弟或妹妹以后的生活是什么样的。

如果可以的话，尽量不要给孩子不切实际的期待，同时也要告诉亲戚朋友不要这样做。通常情况下，新生儿还需要一两年的时间才能陪别人玩耍，所以别告诉孩子他就要有一个玩伴了这样的错误信息。如果你打算分娩期间让亲友帮忙照看其他孩子的话，最好告诉委托的亲友，小孩子在家庭出现较大变化的时候会表现得尤其需要关怀，他们的行为也会因此暂时变得更加孩子气。但只要让他们感觉到我们并没有冷落他们，我们懂他们的委屈，这种情况就不会持续太久。

我们在一起 10 年才要了第一个孩子，所以之前有很多时间考虑要孩子这件事。为了把这件事提上日程，我们已经做好准备先将其他事情放下。我们完全没觉得孩子很烦，他们只是有着正常需求的孩子而已，我们有义务去满足他们这些需求。

——约瑟夫，约翰（7 岁）和达拉赫（2 岁）的爸爸

如何成为好父母及"好父母"的误区

要成为你的宝宝眼中最棒的父母，关键在于你自己。你这个父母是否当得好，主要在于你每天跟宝宝互动的方式，而不是给他提供的物质条件——给他买最新款的益智玩具或者带他做婴儿瑜伽，并不意味着你就是好父母了。但是，广告、杂志、电影及电视中看到的宝宝画面仍会对我们的想法产生很大影响，让你设想着有了孩子以后的生活会是怎样的，好的父母应该是怎样的。我们常见的画面是在一间非常漂亮的婴儿房里，房间布置得温馨精致，里面摆满了各种玩具，宝宝安静地睡在婴儿床上，又或者在玩玩具。此外，婴儿用品店里或者网站上都列着一长串准父母"必备产品"清单。鉴于以上种种，你很难不认为，如果你的宝宝要安全、快乐地长大，就必须拥有这些东西。

　　许多父母发现，给孩子买东西是他们"筑巢"的重要一步。准父母们会经常收到亲友送来的礼物以及他们的孩子穿过的衣服。但是，等到宝宝出生后，父母们才发现根本不需要这么多东西。有些父母甚至说，使用为宝宝准备的特殊的室内温度计会让他们怀疑自己对温度的正常感知。另一些父母则认为，有些东西反而会让父母和孩子疏远，阻碍他们建立亲子关系。其实，宝宝需要的是人与人之间的交流互动，他们喜欢父母的陪伴胜过一切。从宝宝的角度来看，玩具和其他小玩意儿远远比不上他被抱着或有人陪他聊天，也比不上与人亲近的感觉。当然，很多东西可能很有用，或者某些时候能让生活更方便，但对宝宝来说，这些都远不及跟你建立亲子关系有意义。如果你明白没有那些不必要的东西，生活不会受到影响的话，他就更不在意那些了。

　　　我有第一个孩子时，买了婴儿洗澡温度计和一个特别的婴儿
　　浴盆。但她从来都没用过，因为她总是和我一起洗澡。
　　　　　　　　　　　——珍，艾拉（5岁）和多洛丝（8个月）的妈妈

　　成为父母既让人兴奋又让人忐忑。要找到合适的育儿方法，关键在于你要认识到你和你的宝宝都是独一无二的，而这条养育的路以前也从未有人走过。一旦你肩负起了养育宝宝的责任，你就成了一个开拓者。

本 章 要 点

◆你对育儿过程的种种预期，会受你自己的童年经历、同辈做法、各种媒体中看到的画面以及前辈们流传下来的理念和方法的影响。

◆宝宝不可能自己变"乖"（或"不乖"），并且，他们的行为举止也并不能反映父母教育得好与不好。

◆孕期是开始跟宝宝建立亲子关系的绝佳时期，你可以提前为你和宝宝刚刚在一起的前几个小时、前几天和前几周制订计划。

◆很多看似育儿必备的装备其实并不必要，有些甚至会妨碍亲子关系的建立以及父爱、母爱天性的发挥。父母爱的陪伴才是宝宝最需要的。

◆为人父母后的现实或许跟你的想象完全不同，要找到对你和宝宝都适合的方法来做事和处理问题。

第3章
欢迎宝宝的到来

你看到宝宝的那一刻,以及宝宝出生后和他在一起的前几个小时是极其令人感动的经历。你不光要欢迎他的到来,还要帮助他适应这个完全陌生的世界,因为这与他此前所处的环境极其不同。这段时间内,父母心里都会激荡着各种相当强烈的情感,并需要发挥各自的重要作用来帮助宝宝更顺利地适应这个陌生世界。对父母来说,理解妈妈和宝宝独特关系的运作机制及其重要性是非常关键的,这样你们和宝宝才能更加充分地利用好这段时间。为了便于理解,本章中提到的"你"主要指妈妈。

宝宝对亲密的需求

出生对宝宝来说是一个非常难熬的过程。他的身体各处被轮番挤压，皮肤突然间感觉到寒冷空气的刺激，眼睛受到强烈光线的刺激，因为没有了"消音设备"，耳膜也受到了喧闹声音的刺激。他第一次感受到肺部有空气进入，第一次发现不再受熟悉的子宫壁的限制，可以随意伸展手脚。同样，对于妈妈来说，分娩也是消耗巨大的经历，无论是身体上、精神上还是情感上。因此，妈妈和宝宝都出于本能的强烈需要，在产后的几分钟或者几个小时想和对方亲密地待在一起。

对身体亲密接触的需求是有原因的。宝宝从出生的那一刻起，妈妈就是给他温暖、食物和保护的最理想人选，因为他在妈妈子宫里的时候就得到了这些。如果宝宝出生后，能有几分钟时间待在妈妈胸前或腹部，肌肤贴着肌肤，他就能够听见妈妈的声音和心跳，也能够感觉到妈妈呼吸时身体的律动，就像他在子宫里感觉到的一样。妈妈的皮肤能给他温暖，呼吸的律动能够带动他的呼吸，妈妈的抚摸能让他平静下来。这种亲密接触能减少他刚刚来到这个世界感受到的冲击，也能帮助他适应所有的陌生感，让他感到安全。

研究表明，如果能有一段不被打扰的时间，让妈妈和宝宝进行肌肤接触，会对妈妈和宝宝从分娩与出生中恢复非常有帮助。宝宝刚刚出生后，他和妈妈的身体还是通过脐带连在一起的，宝宝触碰妈妈的肌肤能帮助妈妈收缩子宫，排出胎盘。同时，跟妈妈的亲密接触也能帮助宝宝的身体建立母体外生存所需的生理适应性。

肌肤接触的生理益处

肌肤接触对宝宝的生理和情感发展都很重要。以下就是当宝宝的身体跟妈妈的身体直接接触之后会发生的变化：

●体温得到调节。肌肤接触是让宝宝保持温暖最有效的方法，妈妈的胸部能够让宝宝的体温调节到最理想状态。

●血压降低，心跳平稳。

●呼吸匀速，吸入更多氧气。

●妈妈体内的天然益生菌会通过肌肤接触传给宝宝，保护他们不被感染。

●消化功能得到刺激，所以他的胃已经准备好迎接第一次进食了。

●身体成长和大脑发育机能被激活。

健康且足月出生的宝宝在产后一个小时左右就能处于一种平静且警觉的状态，此时，他们对新鲜事物的学习和接受能力达到最高（健康状况不佳或者早产的宝宝可能要晚些时候才能达到这种状态）。宝宝这个阶段

的主要任务就是生存下去，这个任务于他而言，要依靠你，也就是他的妈妈，来完成。他要学会通过容貌、触感和气味认出你，吸引你的注意力，并确保你也认出了他。他的视力能聚焦的最佳范围就是你的胸部到面部的距离，超出这个距离的东西对他来说都会有点儿模糊，所以让他的头保持在靠近你胸部的位置，他就能把你的面部看得清清楚楚。当他凝视着你的眼睛的时候，会让你不自觉地想要去保护他、照顾他，以及满足他的各种需求。

肌肤接触也是你自己的需求。时刻关注宝宝，让他引导你，唤醒你的直觉，你就可以直接地回应他，不用费尽心思去考虑了。世界上大多数女人在面对她们刚刚出生的宝宝时都会本能地做出同样的举动：感受他柔嫩的肌肤，安抚地拍着他，数着他脆弱纤细的手指和脚趾，闻着他身上好闻的奶香，看着他睁得圆溜溜的眼睛，不自觉也凝视着他。

> 佐伊一出生就知道自己要什么，那就是待在我身边。当我知道她是多么需要我之后我特别开心，因为我也需要她。
>
> ——简，佐伊（2个月）的妈妈

和宝宝肌肤接触能刺激你体内两种非常重要的激素——催乳素和催产素的分泌，并将其释放到血液中。催乳素，是一种母性激素，会激发你对宝宝强烈的保护欲，让你增加想悉心养育他的动力，同时也能快速刺激乳汁的分泌。催产素，是爱和分娩的激素，能让你"打开"自己的情绪，变得更容易相信和回应他人。同时，催产素也会让你对疼痛和周围环境的敏感度降低，帮助你集中注意力在刚出生的宝宝身上。当宝宝的嘴紧贴着你的乳房，并开始吮吸的时候，这两种激素就会在瞬间大量释放，作用更加强烈。二者同时作用，能让你和宝宝对彼此的了解更进一步，更快、更容易地读懂对方传达的信息，并且让母子间的依恋不断加深。许多妈妈都说，在宝宝第一次吃母乳的时候，她们就完全沦陷在对宝宝的爱里了。研究表明，有过这种经验的妈妈与她们的宝宝相处得更和谐、更有默契，也更容易理解宝宝的需求。出生后和妈妈有较长时间肌肤接触的宝宝会表现得更加平静和乐于回应。相反，如果在这一重要时间缺少肌肤接触，妈妈和孩子就会陷入焦虑，出现强烈的"不适感"，但是只要双方再次回到对方身边，这种感觉就会消失。

> 艾拉刚出生时需要先做一个检查，我只是匆匆看了她一眼，听到了她的哭声，却不能抱她，直到助产士高兴地把她抱过来说她很健康。我真的很强烈地想要抱着她，这种感觉有些不可思议。当我终于把她抱在怀里的时候，我觉得我再也不想放开她了，我也不想让任何其他人抱她，她对我来说是最重要的。
>
> ——露丝，艾拉（8个月）的妈妈

肌肤接触有助于你更顺利地适应妈妈这个身份，也有助于宝宝更顺利地适应他的新生活。肌肤接触开始得越早越好。如果不能从宝宝一出生就开始肌肤接触，那就尽量在第一次正式跟宝宝见面时开始吧。

肌肤接触小贴士

关于生产后妈妈和宝宝应该有怎样的表现，人们对此并没有什么既定的规则标准，也不会有人判定你做得是否"正确"，只要跟着自己的直觉、跟随宝宝的引导就好了。但是，有一些事情你需要知道，这样才能便于你从容应对。其中最重要的一点就是，当宝宝的肌肤贴着你的肌肤，中间没有任何阻碍的时候，肌肤接触的效果可以达到最大——你的身体可以让宝宝保持温暖，从而让双方都能更好地感受对方。有些妈妈喜欢让刚出生的宝宝穿上尿布，但其实这样把他裹起来或者给他穿上衣服并不利于肌肤接触。当然，你需要先把他的身体擦干，防止他感冒，除非你是水中分娩。

大多数妈妈都发现与宝宝肌肤接触时靠在枕头上是比较舒服的姿势，这样身体还能自由移动。在枕头上往后一靠就可以让宝宝的肚子贴着你趴在你身上，这样既能保证你们肌肤的接触面积尽可能大，也更方便宝宝抬头看你的脸。这个时候，在宝宝背上盖一条轻薄的毯子或者毛巾可以防止他受凉，同时也能让他有安全感。如果他的头发还是湿的，那么戴一顶帽子能防止头发变干过程中热量通过头皮散失。

如果你选择的是水中分娩的话，宝宝出生后，你可以在水中跟他保持一段时间的肌肤接触。有些宝宝甚至在水池中就完成了第一次吃母乳。当然，水温要保持适度温暖，水面要刚好没过宝宝的肩部，这样能防止他的热量散失。

如果剖宫产后，你和宝宝都状况良好，那么最好也要有肌肤接触。大多数产科医生和儿科医生都非常同意将剖宫产出生的婴儿直接放到妈妈的胸前（尤其当他们事先就知道这个妈妈也希望这样做的话）。如果不能在剖宫产后马上这么做，那么妈妈和宝宝出了手术室之后通常也可以开始了。你会需要你的另一半（或其他帮手）帮你调整姿势以躺得舒服些。抱宝宝的时候一定要确保他的安全，尤其是如果你接受过全身麻醉；抱的时候要讲究技巧，不要让宝宝压到你的伤口，只要他身体的大部分都能挨着你，能轻易找到你的乳房，那么他是什么姿势、在什么位置并不重要。

如果宝宝出生时使用了真空泵（胎头吸引器）或者产钳等辅助工具，他的身上可能会有些瘀伤，或者感到头疼。肌肤接触有减缓疼痛的功效，所以，这是一个帮他从艰难的出生过程中恢复过来的理想办法。但是，开始的几个小时他可能会显得很烦躁，你应该格外小心，不要碰到他的头。

与双胞胎宝宝的肌肤接触

与双胞胎宝宝的肌肤接触和与一个宝宝的肌肤接触是一样的，但如果你是顺产的话，可能最多也只能匆忙地抱一下先出生的宝宝，然后赶紧交给爸爸，接着生第二个宝宝。两个宝宝都出生后，你需要别人帮忙将他们两个放在你的腹部，尤其是如果你的产床比较狭窄的话，但也就只有这点儿挑战而已。他们会开始适应共同分享一个狭小的空间，适应互相触碰，所以空间不够大对他们来说不是问题。

乔一出生就被放到我身上，他自己找到我的乳房开始吸食母乳，出生后的前几天他都是这样吃到母乳的，这简直太神奇了。但我之前生莱利的时候可不是这样，那时候我都不知道肌肤接触这回事。当时我全身还在麻醉状态，医院的罩衣也穿反了，所以真是有点儿尴尬。后来生乔的时候，我就知道自己产后需要怎么样，还有如何跟医生要求这些。乔出生后，他整天都紧紧依偎在我的胸前。

——内尔，莱利（5岁）和乔（5个月）的妈妈

宝宝可以引导你

几乎所有趴在妈妈腹部的新生儿都会本能地寻找妈妈的乳房。这对于宝宝适应自己出生这个事实是很重要的一步，而且这对不论采取人工喂养还是母乳喂养的妈妈和宝宝来说都同样重要。宝宝们完成这一系列动作的顺序都是一样的，尽管每个宝宝都会以自己不同的速度来进行。如果新生儿各项健康指标良好，没有异常嗜睡的情况，也不是早产儿的话，那么他出生后通常会做以下这些事情：

- 出生后简短地啼哭，在接触到妈妈身体的时候放松下来。
- 找到你的脸，目不转睛地盯着看。他听得出你的声音，所以听到后会把头转向你。
- 会靠蹬脚来推动自己的身体，顺着你的独特气味挪向你的乳房。
- 他会靠一次次积聚发力完成自己的挪动，中间会偶尔停下来休息。

● 找到你的乳房后，他就开始来回扭动脑袋来寻找乳头，找到后就开始亲昵地来回贴蹭，接着会开始舔。

● 最终，他会快速协调自己的动作，找到合适的角度，张开自己的嘴，用舌头发力挤出大口大口的乳汁。他可能会突然放开乳头，来回扭动，不停地仰起头又低下来，直到找到舒服的姿势，然后就会开始安心地吮吸乳汁。

● 他会有节奏地吸食母乳，一会儿后就入睡了。

这些都是新生儿的本能，要允许他以自己的速度来完成这一系列动作，这有利于他从刚刚经历的艰难的出生过程中恢复，也能让他获得安全感。你除了需要护着他，让他别从你身体的一侧滑下来之外，其他的事可能都不需要你做。他是在执行一项任务，并且很清楚目标是什么。挪动过程中有几次停顿可能会很久，久到让你觉得他可能不想再继续了，但其实他只是在休息，顺便消化出生后所感受到的所有新变化。如果你因为分娩过程中用药导致产后很虚弱或眩晕，又或者觉得特别疲惫，那么你需要让你的另一半或者其他帮手在旁边辅助你和宝宝，如果你挡不住困意睡着了，他们能确保宝宝的安全。

一些宝宝能够在刚出生的一个小时内就自己找到妈妈的乳房，并完成第一次吃母乳。但是，还有很多宝宝刚开始反应并不是很灵敏，这通常是因为他们的血液里还残留有妈妈分娩时使用的药物，药物作用导致他们昏昏欲睡；又或者，仅仅是因为经过这么长时间分娩过程的折腾或者难产，导致他们非常疲惫。这意味着他们要花更多的时间来完成这一系列本能行为。医护人员有时会将看似对吃母乳不感兴趣的宝宝放进婴儿床里，于是

他们就用睡觉代替了这一过程，但这样会干扰宝宝的本能反应。的确如此，研究结果表明，在宝宝还没自己完成这一系列本能行为之前，如果被强行与妈妈分离，之后就不会那么快学会吃母乳。如果可能的话，尽量让宝宝跟你待在一起，直到他自己第一次成功找到吃母乳的方法。

尽管宝宝天生就有吃母乳的渴望，但他本能地触碰你的乳房并不一定是真的饿了，他也可能在以这种方式认识你、获得安全感，从而跟你建立亲子关系。对大多数妈妈和宝宝来说，亲子关系是在产后几周逐渐形成的，但母乳喂养能加速这一过程，也算是一种捷径，帮助你和宝宝更快地亲近对方，也能让最初几周的育儿过程不那么困难。许多妈妈最初并没打算母乳喂养，但当她们让宝宝本能地与自己接触的时候，就这么偶然地开始母乳喂养了。尽管你可能不打算继续坚持母乳喂养，但让宝宝在刚出生时自己找到你的乳房，仍是开启你们新的关系的好方法。如果你觉得这实施起来仍有困难，那至少应该保证，无论是母乳喂养还是人工喂养，他第一次进食是在你怀中完成的，因为你的怀抱是最能给他安全感，也是他最熟悉的地方。

> 刚生完孩子的时候我有些迷糊，觉得一切都跟我之前想象的很不一样，我也不知道到底是怎么回事。莉莉出生后，我唯一记得的就是她直接就朝着我的乳房挪过来，我就赶紧给我妈妈打电话，没错，我就是这么做的。我使用了大量药物，而且长时间的分娩让我感觉疲惫极了，简直是精神恍惚。大概有 4 天的时间我都觉得像被卡车撞了一样。
>
> ——莎伦，莉莉（10 个月）的妈妈

产后1～2小时不要让宝宝和妈妈分开

通常，产房里总是忙乱地进行着很多事情，宝宝出生之后，医护人员需要马上检查他是否健康，并给他称体重。但许多父母都感到，与宝宝最初的接触就这样被打扰了，这令他们很不安。这种打扰也会给宝宝带来困惑，尤其是在他们还没有完成第一次进食的情况下。的确，如果宝宝这一系列本能行为被迫中断，那他们又得从头再来。技能熟练的助产士在新生儿趴在妈妈身上时也能完成大部分宝宝所需的检查。此外，怀里抱着宝宝能将你的注意力从检查和手术缝合上分散开来。理想状态下，最好能等到他第一次进食后再称重，但实际上，如果你是在医院分娩，助产士需要尽快完成一系列出生记录，宝宝的体重就是其中一项。这种情况下，你只能要求尽快完成宝宝的称重，最好能控制在产后几分钟内，这样也比中途打断宝宝的本能"寻乳"行为要好一些。你或宝宝的爸爸都有充分理由去质疑任何因为不必要的原因而打断亲子肌肤接触的人。

我在医院生第二个孩子的时候，助产士不停过来说："你们还在肌肤接触啊！"实际上我们只在一起待了20分钟，宝宝就被抱走了。我有一个朋友等了好多年才生了宝宝，我去看她的时候，发现宝宝睡在婴儿床上。我问她为什么让宝宝睡在婴儿床上，她说是助产士把宝宝放在那儿的。喂过宝宝后不能就那样一直抱着她，而要把她放下，这真的很让人心碎，因为每个妈妈都想一直抱着自己的孩子。

——艾娃，伊凡（6岁）和索菲娅（15个月）的妈妈

产后，你的另一半的作用

你的另一半（或其他陪产人员）在这一特殊时间段要发挥重要作用来照顾你和宝宝。他们不光能帮你调整到舒服的卧床姿势，准备好给宝宝盖在后背上的毛巾或毯子和你需要的开衫或披肩，他们的另一个关键作用就是确保不让其他人来打扰你和宝宝，或让人因为不必要的原因将你和宝宝分开，这样才能保证宝宝慢条斯理地完成他的"寻乳"历程，而不必太过匆促。除此之外，他们还有一个重要作用就是在外面招待探访的亲友，直到你做好准备见外人。

如果在宝宝进食前你就要被转移到另一个房间或病房，可以请医护人员帮忙，让宝宝在转移过程中和你保持肌肤接触。如果这也没能实现的话，那么只能在房间转移完成后马上继续。如果可以的话，尽量先不要洗澡或淋浴，直到这一过程完成，这样就不会洗掉你的天然体味，而有助于宝宝找到你的乳房。

　　分娩之后，马上就有好多人围在我身边，让我一时间无所适从。终于只剩下我和孩子爸爸的时候，我才开心起来，我们就那样盯着宝宝看了好久，轻轻地拍着她。她在我身上躺了好久，至少两个小时。当我的家人突然来探望我的时候，我都没穿衣服，雅思敏趴在我胸前，她身上盖着被单。他们来了我很高兴，而且他们等不及要见到宝宝了，但说实在的我还是感到有点儿尴尬，这种情况下没有人能抱宝宝。他们还是来得太早了，我需要跟宝宝单独相处的时间。

　　　　　　　　　　　　　　——希达，雅思敏（5个月）的妈妈

　　以肌肤接触的方式欢迎宝宝来到这个世界，可以为你们在接下来的几周、几个月甚至几年的时间里建立起良好的亲子关系打好基础。当你在一种柔和、从容的气氛中开始了解他，让自己全身心地沉浸其中的时候，你就会本能地被宝宝最原始的表情、声音和动作吸引，这样也能让你今后更容易跟随他的引导，根据直觉对他的需求做出回应。

肌肤接触式的拥抱不是新生儿的专利

　　肌肤接触并不是只局限于新生儿阶段，这种方式的拥抱是安抚一个小孩子最简单的方法。许多父母发现，当他们试图安抚自己的孩子时，就会不自觉地想要抚摸他的皮肤，比如，把手伸进他的T恤里面拍拍他的背。如果他觉得冷，你也可以通过这种方式给他取暖；如果他发烧了，还可以通过这种方式帮他降温。肌肤接触能

宝宝主导育儿法
Baby-led Parenting

帮助你解决一些哺乳时的常见问题，尤其是你哺乳时采取后仰式姿势，就像你刚刚分娩后和宝宝进行肌肤接触时那样。因为这就相当于让你和宝宝又回到了当初，只需重复一遍当时的情景即可。

产后不能马上进行肌肤接触怎么办

宝宝刚出生后是进行肌肤接触的最佳时间，因为那时是宝宝的本能反应最强烈的时候。但如果产后你的状况不是很好，或者需要接受医疗护理，那肌肤接触这一特殊时间就不得不推迟一些。这也没什么大不了的，只是如果你和宝宝都穿着衣服，进行接触会多费些功夫。与分娩后即刻进行肌肤接触相比，这样你的宝宝也许会花更久的时间才能开始靠着本能去反应，但只要你有足够的耐心，将精力专注在宝宝身上，他将用行动证明他知道该怎么做。

如果宝宝早产，或者出生时健康状况不是很好的话，需要被立即送到新生儿监护室（NNU，也叫婴儿特别护理室——SCBU），那样肌肤接触就只能等到他情况稳定后再进行了。肌肤接触对早产儿或者患病婴儿尤其有益处，所以请确保医护人员知道你想要跟宝宝进行肌肤接触的意愿。

雅各布是通过紧急剖宫产出生的，最初几天，我们两个人都身心受创。我们每次抱在一起都觉得很好，一旦分开他就会马上开始哭，我也会跟着哭。

——凯莉，奥斯汀（4岁）和雅各布（2岁）的妈妈

爸爸能和宝宝进行肌肤接触吗

　　肌肤接触的受益者并不局限于妈妈和宝宝。男人的胸膛也能让宝宝感到温暖，也有着能令宝宝平静下来的律动和声音，对宝宝有安抚作用。研究表明，与宝宝有早期肌肤接触的父母比没有经历这一过程的父母更加懂得回应，也更加专注。如果因为某种原因，妈妈无法在分娩后立即与宝宝进行肌肤接触，那么爸爸的胸膛就是最佳选择，起码要比婴儿床好太多了。当然，如果条件允许的话，产后一两个小时还是要以母子建立联系为先。怀孕和分娩早已让他们双方为这特殊的时刻做好准备，而这一刻是永远不可能被复制的。这一时刻对于开启母乳喂养、刺激乳汁分泌也非常重要，也是宝宝开始学习如何成功进食的最佳时机。

住院期间和宝宝在一起

　　如果生完宝宝的第一天你必须住在医院的话，请尽可能让宝宝待在你的身边。即使他看似在熟睡，如果你抱着他，他还是能感觉到你的气息、心跳、抚摸和动作。我们之前的几代人，生完宝宝后，为了让新妈妈能够

好好休息，宝宝就会被送到婴儿房去，尤其是晚上。现在，我们知道了这些早期的分离让宝宝和妈妈的相互了解变得困难，也严重破坏了母乳喂养的原本进程。从长远来看，如果你和宝宝亲密地待在一起，你们都将获益匪浅，也会变得更加放松。

> 我把黛西放到医院婴儿床上时，手离开她的那一刻她就开始哭。我抱起她的一瞬间她就马上停止哭泣，变得真是太快了。我向助产士询问这到底是怎么回事，她回答说："她只是想让你抱着。"
>
> ——詹妮，黛西（6个月）的妈妈

跟宝宝亲近也是给自己一个机会，去熟悉他的轮廓和感觉，学会辨别他用来告诉你喜欢什么不喜欢什么的细微信号。比如，抱着他的时候手贴着他的背部或胸部，这样能帮你了解他呼吸的节奏，以及他进食、睡觉或者感觉不舒服时呼吸节奏有什么变化。

让宝宝躺在你不用别人帮忙，伸手就能触及他的地方是一个非常好的主意，尤其在你经历了剖宫产、伤口缝合导致移动困难的情况下。正常的医院病床都太窄了，没有足够的安全空间同时容纳你和宝宝两个人，但很多医院都会在妈妈的大床旁边配一个单独的小床，便于照顾宝宝。如果医院没给你配这样的小床的话，问问他们是否有夹式婴儿床可以提供给你。

在宝宝接受特殊护理期间保持亲近

如果分娩后宝宝的状况让你不得不即刻和他分离，你最初了解他的机会就只能推迟了。到了你可以和他在一起的时候，他可能在保温箱里，也许正通过身上插着的各种导管和电线与一部仪器相连，这是用来辅助他呼吸、进食，以及检测他身体各项指标的仪器。看到这一切，你可能会感到无比心疼、迷惘和无助，尤其是当整个分娩过程都没有像你计划的那样进行时。这样磨难重重的开始会让你想抱着他、照顾他的愿望变得遥远，甚至令人担心其可行性。

尽管在新生儿监护室这种非常专业的环境下，你无法完全参与对宝宝的照顾，但让他通过你的声音和触摸感觉到你的存在，依然非常重要。你的声音和心跳他早在子宫里就已经很熟悉了，你的气味他也会慢慢学着去辨别（建议不要喷太浓的香水或使用香气较重的化妆品，这样他才能更容易辨别出你独特的体味）。哪怕仅仅是将手放在他肚子上，也能让你们之间建立起联系，给他安全和被爱的感觉。同时，这样还能促进他的身体健康，让他的呼吸更顺畅，帮助他开始成长发育。如果他不得不接受一些不舒服或者引起疼痛的医疗程序，那么你的触摸在此时就显得尤其必要，因为这可以让他从不舒服的感觉中分散注意力。如果一段时间内他都不能离开保温箱，那你就一定要多花些时间，轻柔地抱抱他，最好能以一只手托住他的头、另一只手托住他的屁股的姿势抱着，让他感觉像在子宫里那样完全被包裹和保护起来了。跟宝宝进行身体接触也能帮助你了解他，许多父母发现这种亲近能让他们分辨出宝宝是不是感到不舒服或者紧张，这样他们才能快速做出回应。

现在，大家都知道了肌肤接触对早产儿和体质较弱的婴儿非常重要，因此大多数新生儿监护室的工作人员都建议，一旦宝宝的情况稳定下来，父母可以采取一种特殊方式的肌肤接触，这种方式叫"袋鼠护理法"。袋鼠护理法是一种重要的肌肤接触式拥抱，它模仿袋鼠妈妈将小袋鼠装在它的育儿袋里，并认为早产儿仍需要跟妈妈的身体保持亲密接触。肌肤接触对早产儿及患病婴儿的母乳喂养也是非常有帮助的。医护人员会帮你把宝宝（只穿了尿布）安全地放在你裸露出来的乳房上，也可能给宝宝裹一个有弹性的包衣，好让他感觉还像在子宫里一样被保护起来了。这样抱着他，能让你腾出手来拍打他（或者拿书、水杯等），当然这得在他没连着一堆监测仪或其他设备的情况下进行。

袋鼠护理法益于宝宝和父母

袋鼠护理法对于早产儿或患病婴儿及他们的父母都有非常大的益处。研究表明，频繁且长时间跟妈妈有肌肤接触的宝宝会：

- 减少焦虑不安
- 血液中氧气含量增多
- 有更稳定的呼吸及心跳频率
- 保持稳定体温
- 安睡时间更长（对大脑发育有好处）
- 减少疼痛感
- 更容易进行母乳喂养
- 尽早离开新生儿特别护理室

这些影响的持续时间远不止新生儿时期。与其他早产儿相比，采取袋鼠护理法的婴儿较少哭闹，并能保持较长时间的警觉性，至少在前6个月时间里是这样的。袋鼠护理法也能减轻妈妈的压力。当然，爸爸和宝宝之间采用这种护理方法也能促进他们的关系发展。总之，通过袋鼠护理法，让宝宝和父母之间变得亲近，有助于父母跟宝宝心意相通，能理解他们的需求，在照顾他们的时候也感觉更自信。

早产的宝宝第一次被你抱在怀中的时候可能会被这种新奇的经历吓坏，想要推开你。如果他的身体还跟监测仪器连在一起的话，他的反应甚至可能引发仪器报警。这是很正常的。大多数父母的经验是，这时候自己要尽可能保持冷静，用温柔的语言或者发出"嘘"声就能让宝宝安定下来。在最初几周时间里，跟宝宝亲密相处的时间越长，就会越了解对方，也能更快找到照顾他的自信。

鲁迪是早产儿，但他出生之后第二天我就把他放在我的乳房旁边，肌肤贴着肌肤，尽管那时候他还不能自己进食。我每天都让他在我的胸前待两个小时左右，而且每次鼻饲管喂食的时候我都把他放在我的乳房上，我觉得这种接触给了他很多帮助，也能刺激我分泌乳汁。但即使是这样，我心里还是觉得保温箱对他来说是最安全的地方。现在我真希望那时候能更多地采取袋鼠护理法。

——苏菲，鲁迪（15个月）的妈妈

爱上你的宝宝

很多人认为父母，特别是妈妈应该在看到宝宝的第一眼就爱上他，否则，就错失了跟宝宝建立亲子关系的好时机。这是一种常见的误解，并且会给父母们带来不必要的压力，强迫自己在宝宝出生的前几天或前几周去爱上自己的宝宝。实际上，跟宝宝建立亲子关系是没有时间限制的。有些父母在初看到自己宝宝或者将他抱在怀里的时候会感到一股强烈的电流，但大多数父母说自己是随着时间的推移，对宝宝不断地了解，才感觉爱上宝宝的。

不同的人对亲子关系的理解不同。有些人认为，亲子关系的建立有赖于分娩的情感和生理体验带来的保护欲和欢快感。这些都是非常即时且强烈的感受，但亲子关系远不止这些感受。真正的亲子关系是母子间深深的相互依恋。它是随着时间的推移，随着对彼此了解的加深慢慢建立起来的。对宝宝来说，这种亲子关系是基于逐渐增强的安全感和信任感，而他的安全感和信任感则是通过你抱着他、跟他说话、照顾他、认可他的需求及情绪培养起来的。对于父母而言，亲子关系则是一种与宝宝之间逐渐增强的默契。这种默契是随着他们对照顾宝宝不断建立信心，将新学的技能变成第二本能，并且最终可以轻易预测宝宝的需求以及读懂他的信号建立起来的。

　　每一位父母对亲子关系的理解也是不同的，对不同孩子的亲子关系感受也不同，就像下文引用的尼娅姆和丹尼尔说的那样。一些父母能指出特定的某一时刻，在宝宝几周或者几个月大的时候，他们突然间意识到这是他们的孩子，他们非常爱他。另一些父母则说，他们的亲子关系是在宝宝整个童年时期逐步建立和加强的，没有一个明确的时间点能被视为亲子关系建立完成的节点。还有一些父母发现，由于各种原因，他们比预想花了更久的时间才真正跟自己的宝宝建立起亲子关系，这其中包括个人个性的原因，还有一些外在原因，比如，艰难的妊娠和分娩过程，产前或产后抑郁，没有得到足够的支持，产后被迫与宝宝分离，等等。

　　　　我不记得生罗里的时候有很强烈的爱他的感觉，而更多的是感受到一种强大的责任感。我一开始关注的都是些实际的事情，脑子里想的全是该怎么喂他，该怎么照顾他，但那还称不上爱。随着相处时间越来越久，我们之间才逐渐建立起亲子关系。但是跟杰米建立亲子关系就快多了，也许是因为产后我没用麻醉药，身体上的不适也没持续那么久。我们从他一出生就有很多肌肤接触的时间，我非常坚持让他跟我待在一起，当时我的态度就好像会杀了任何试图把他抱走的人。而且那时候我已经有丰富的照顾宝宝的经验，所以才能集中注意力在他身上，把他当作一个独立的正常人来看待。

　　　　　　——尼娅姆，罗里（4岁）和杰米（1岁）的妈妈

生罗里的时候我们等了很久，他出生的那一刻我马上就感觉到了那种父母和孩子之间的联系。我一直记得他生出来后被托起来的样子，我感觉自己完完全全地爱上他了。这种感觉从一开始就非常直接而且强烈。但是对杰米就完全不同。生杰米的时候是难产，所以他出生后我想的都是"要赶紧确保他的健康"，那个时候必须做一个爸爸该做的，所以更多的是责任，而非情感上的感觉。杰米9个月大之前一直都有健康问题，所以他一直都不是很舒服，这感觉像是我们之间的又一道屏障。但是当他状况好转之后，他就完全放松下来了。有一天，他突然对着我笑，那个笑容很不一样，不知道怎么回事，我的感觉好像更完整了。就是那一刻，我才觉得跟杰米有了那种单纯的父子间的联系。

——丹尼尔，罗里（4岁）和杰米（1岁）的爸爸

亲子关系是建立在父母和孩子亲密的身体接触基础上的，如果你没见过或者没碰触过一个人，是无法轻易爱上他的。所以如果你和宝宝最初的肌肤接触被推迟或者受到限制，那么你可能会需要多一点时间去找到真正爱上他的感觉。亲子关系的建立并不是一蹴而就的，你花越多时间亲密地抱着他，你们的相互依恋感就会建立得越快。

本 章 要 点

◆肌肤接触是妈妈和新生儿开始互相了解对方的最佳方式，你们双方也会本能地期待这样做。如果分娩过程比较复杂，或者出现其他情况不得不推迟这样做，请记得，肌肤接触在这种情况下依然很重要。

◆宝宝生来就有对母乳的渴望，直觉会引导他们去满足这一渴望。成功吃到母乳前宝宝会有一系列的本能行为，不要去干扰这些行为，让他们自由发挥，才能达到最好的成效。

◆条件允许的话，宝宝第一次进食，无论是母乳喂养还是人工喂养，应该同时和妈妈进行肌肤接触。

◆爸爸（或其他陪产人员）的主要作用就是辅助和保护母子间的早期亲密接触。

◆父母的触摸对于身体孱弱的婴儿非常重要，这样做能够安抚他们，并开始建立亲子关系。

◆妈妈与早产儿或患病儿的亲密肌肤接触（袋鼠护理法）是增进双方关系的重要方式，也能促进这类宝宝的成长发育。

◆肌肤接触能够为孩子带来平静和安慰，因此在孩子的整个童年时期都很重要。

第4章
产后前几周

　　产后前几周和宝宝一起待在家的时间，对初为父母的人来说，可能是最艰难的时期之一，因为他们要适应生活的巨大改变。许多父母觉得这段时间很奇怪、像做梦一样，喜悦、疲惫以及照顾一个小宝宝的强大责任感带来的焦虑对他们进行着轮番轰炸。如果家里还有其他孩子，新宝宝的到来会改变所有人的关系。总之，这对整个家庭来说都像是在经历强烈的情感过山车一样。

度一个"宝宝蜜月"

新生儿的到来会让父母有些无所适从，尽管这可能不是你的第一个孩子。前两三周通常会特别紧张，因为你既要学会给孩子喂奶、处理所有育儿琐事，又要去了解这位家庭新成员。有些父母将这段时间或是这段时间中的开始一段称为"宝宝蜜月"，在此期间，尽可能减少不必要的打扰，这样妈妈和宝宝都能逐渐从分娩中恢复，父母双方也能通过种种新鲜经历和情感变化不断调整他们的育儿方式。

"宝宝蜜月"期间，要以妈妈和新生儿的关系为中心，爸爸和其他亲友则要肩负起购物、做饭、打扫家务以及照顾其他孩子的责任，这样才能让妈妈集中精力去了解自己刚刚出生的宝宝，学会辨别他的需求，熟悉他的交流方式。同时，这也给了妈妈时间和空间认真对待哺乳。

我们当时就很想有几周时间去了解艾米，正好另一半也待在家里，你也不用去忙别的事情，错过这个机会你就不会再有这样的时间了。家里添了一个新成员对每个人来说都是一个巨大的变化，你完全无法预知会有什么样的感受。一家人都待在家里的感觉真的很好。

——萨姆，乔治（6岁）和艾米（7个月）的妈妈

度"宝宝蜜月"并不是让你与世隔绝——除非你自己想这样做——但的确能给你一个借口回绝大部分帮不上什么忙的访客，身边只留下能够帮助你和让你感觉舒服的人。

"宝宝蜜月"的时长可以根据你自己的想法来决定，想多久就多久。但许多父母发现，两周时间比较合适。这两周时间足以让你的母乳喂养开个好头，也没有超出产假时间，同时，请一位近亲或密友来照顾自己两周时间也比较合适。

在许多文化中，"宝宝蜜月"是一种传统

在英国，有一种观念越来越流行，那就是妈妈最好能有一段私密的与新生儿相处的时间。但这种观念并不是新兴起的。世界上许多国家都对新妈妈非常关爱，并给她们长达40天的时间脱离家庭琐事，得以专心进行产后恢复和照顾宝宝。在20世纪中叶的英格兰，妈妈们产后都期望有一个为期两周的"卧床期"来让她们恢复元气。在中世纪时期，如果家中有刚刚分娩的产妇，主人就会在大门的门环上挂一块白色亚麻布，以告诉前来探望的人改天再来。

一些文化较为传统的国家将刚刚分娩的女性视为不洁净的，因此不让她参与做饭、做家务以及照顾家人。还有一些国家会尽量让产妇保持安静，以便她的身体尽快恢复并开始下奶。在这段时间

里，产妇由家中或族群中其他妇女来照顾，给她提供帮助和营养，比如，按摩和特殊的食物等。在许多地方，这一时期爸爸只能偶尔过来探望，但在另一些地方爸爸却成了妈妈的主要帮手。

宝宝刚出生那几周真没那么容易，分娩带来的各种身体不适都还在，但你却得不时给孩子喂奶，确保她高兴、舒服。有了露西后，我最讨厌的事情就是给客人端茶倒水、取悦他们。同时，我也希望家里的噪声能小一些。真的很难形容你对一个刚刚出生的小宝宝有多强烈的保护欲，我可以让一些朋友抱她，也可能会允许某些做了妈妈的人抱她，但不是任何想抱她的人我都会允许。

——珀莉，奥斯卡（8 岁）、玛莎（4 岁）和

露西（4 个月）的妈妈

为什么需要"宝宝蜜月"

度一个"宝宝蜜月"益处多多。许多第一次做父母的人都很珍惜这个机会，因为在这期间能好好学习如何照顾宝宝，不需要不懂装懂地在别人面前装作什么都会，或者在还不那么自信的时候听到各种建议（有可能这些建议是互相矛盾的）。"宝宝蜜月"给妈妈和孩子提供了专注亲近的机会，这能帮助他们放松，让各自的自然节奏和睡眠周期慢慢同步起来，有助于加深接触，建立亲子关系。研究表明，产后能一直和宝宝亲近地待在一起，且有一些亲戚、密友来照顾自己的妈妈患产后抑郁症的概率要小一些。

度一个"宝宝蜜月"是让哺乳进行得更顺利的理想方式。产后前两周对妈妈分泌乳汁和掌握哺乳时的一些注意事项非常关键,在"宝宝蜜月"中,哺乳可以不用顾忌太多,随时需要都可以进行。如果在这两周时间里,宝宝和妈妈都得到了有效的帮助,能够舒服地哺乳和吃奶,那么出现各种问题的概率就会大大减小。

"宝宝蜜月"是一段私密的、放松的时间,这也就意味着,除了在宝宝出生后的几天跟他进行肌肤接触,现在依然可以继续享受这样的美好时光,还不用被医院每天的常规检查所限制,也不用担心谁会突然造访。这不仅是让宝宝感觉到安全和促进亲子关系发展的好方法,也能帮助宝宝调节体温(详见下文),以及让哺乳更简单。

肌肤接触如何调节体温

热量从一个人身上传递到另一个人身上的最佳方式就是通过肌肤与肌肤的接触。热量总是从体温高的人体传到体温低的人体上,所以如果宝宝感觉到冷,就脱下他的衣服,让他贴着你赤裸的胸部。最好两个人围上一条毯子、一件开衫、睡袍或者带着婴儿背带,这样他就能从你的身体吸收热量,同时又不散发出去。

肌肤接触也能用来给宝宝降温。如果他有点儿发热,可能是生病了,那么除了给他服药之外,如果有必要,你可以肌肤贴着肌肤地抱着他来降低他的体温。如果你开始觉得发热,千万不要惊讶,这就证明你正在吸收他身上多余的热量,这些热量你的身体是可以承受的,但宝宝的身体不行。

　　我是单身妈妈，所以生下艾米莉亚后的几周我和我妈妈待在一起，她负责来照顾我。大多数时候，艾米莉亚都和我一起躺在床上，或者就躺在离我不远的地方。我非常需要那样一段安静的时间来了解她，并让她自己学会吃母乳。

　　　　　　　　　　　　——丽莎，艾米莉亚（7个月）的妈妈

规划你的"宝宝蜜月"

　　产后前几周，宝宝的主要关系人就是妈妈。他依赖与妈妈的亲近来帮助自己更顺利地适应从子宫到这个世界的变化。这有点儿承上启下的意思，即结束怀孕时二者一体的日子，开启二者一分为二的时光，在这段时间里，妈妈和宝宝都在尽力适应这种分离。这也是妈妈和宝宝亲密的、互相观察的时间，一个集中学习和适应的时间。让宝宝尽可能待在离你很近的地方，这样有助于培养你们的默契，也有利于你和宝宝学会哺乳与吃母乳。

打造一个亲子安乐窝

　　"宝宝蜜月"期间，许多妈妈都会为自己和宝宝打造一个安乐窝。这个小窝可以建在任何你感觉舒服的地方，你会花很多时间在这儿哺乳、打盹、和宝宝依偎在一起。它可以是你的床或者沙发，这样你也能感觉跟房子里的其他人亲近一些。（如果你选择的是沙发或扶手椅的话，一定要注意，在那上面抱着宝宝的时候千万别睡着，因为那样会比较危险。）大多数宝宝喜欢以蜷缩的姿势躺着，就像他们在子宫里的时候一样，因此想让他们平躺在婴儿床里是有些难度的。长时间和宝宝待在你们的安乐窝里能让他以自己的速度，慢慢地舒展开来。

理想状态下，应该有个人全天候照顾你，给你准备充足的食物和饮品。如果你身边没有这样一个人，那就帮自己准备好随时可以享用的盒饭、小点心以及喝的东西，并放在近处。你也可以把手机、电视遥控器或者书放在手边，尽管很多新晋妈妈都发现自己要么太累，要么还沉浸在刚有宝宝的喜悦中，要么忙着喂奶，根本没时间感到无聊。

> 产后前几周时间我和奥莉维亚主要是在沙发上度过的，我穿着睡衣坐在沙发上，身后有几个大的靠垫，她就在那儿吃奶和睡觉。那时候真高兴不用出门，也不用见什么人。如果我们俩离得太远，两个人都会感到不安，她每次离开我都会哭。
>
> ——妮可，奥莉维亚（11个月）的妈妈

如果你想要或需要来回走动，那最好使用婴儿背带，这样既能把宝宝带在身边，又能腾出手干别的事情。特别是如果你还要照顾其他孩子或者家里没有其他人帮忙的话，婴儿背带能帮上很大忙。我们通常会推荐使用柔软、包裹式的婴儿背带，可以参考本书所介绍的婴儿背带使用技巧。

给自己学习的时间

一旦有了宝宝，新晋父母们就要开始学习掌握许许多多的育儿技能，这让他们有些招架不住。无论你在没有宝宝前觉得婴儿日常护理有多简单，实际上都不是这样的。刚刚出生的小婴儿非常脆弱，（跟大多数宝宝一样）他也不喜欢被粗暴地对待，再加上你刚刚做父母本来就很紧张，所有这一切都让类似换尿布这种基本工作显得没那么简单。给宝宝穿、脱衣服对你来说应该尤其具有挑战性，特别是如果你还有点儿笨手笨脚的话。一些父母发现让宝宝只穿着尿布，肌肤贴肌肤地抱着他（后背盖着毯子或者衣服）让他保持温暖，这样能避免穿、脱衣服给他造成太多干扰。第9章会讲到一些技巧，是关于如何让简单的任务变得令父母和宝宝都觉得享受的，你没必要着急，宝宝其实根本不在意他的尿布是不是穿歪了，衣服扣子是不是扣错了，他们最在意的事就是你能抱着他，跟他说话，给他食物、温暖和爱。

爸爸如何参与"宝宝蜜月"

妈妈跟宝宝的关系通常是产后前几周的重点，所以爸爸会对自己的新角色不太确定，这并不奇怪。但其实，爸爸对"宝宝蜜月"进展顺利与否起着关键作用，他能够让妈妈和宝宝更专注于对方。爸爸们不仅仅要承担起做饭、打扫家务和照顾其他孩子（或者组织其他人来做这些事情）的任务，他们有更重要的作用，那就是保护母子间的亲密接触不被打扰，在情感上支持他们，同时分担育儿工作，也要开始跟宝宝建立属于父子间的关系。

> 罗文的到来完全改变了我们的生活，感觉突然多了一项最重要的工作。我和妻子的关系也改变了，当然不得不改变，为了适应家庭的新变化。我那时候特别高兴能成为一个好帮手，跑这跑那，沏茶倒水，购物做饭。我感觉，在那段时间我做的这些很重要，能够让诺艾尔专心喂奶。我们都认为，如果一方在某一方面更擅长，那么另一方就自动让路，让对方主导，我们就是这么分工的。在照顾小孩子方面，诺艾尔毫无疑问比我更擅长。
>
> ——吉龙，罗文（8岁）和杰克（5岁）的爸爸

尽管婴儿大部分时间更喜欢跟妈妈待在一起，尤其是母乳喂养的婴儿，但花些时间让他跟爸爸进行肌肤接触能有力地推动他们之间亲子关系的建立，也能让爸爸自身的父性萌发。宝宝应该会很享受依偎在爸爸的胸前、颈部、怀里或者被他用婴儿背带抱着，也会喜欢和爸爸一起洗澡。这样的接触有助于他将爸爸的气味和触感与平静、舒服的感觉联系在一起。

众所周知，女性跟宝宝长时间待在一起会影响其激素水平，但研究显示，男性也会这样，在另一半怀孕期间（如果他们生活在一起的话）以及

宝宝主导育儿法
Baby-led Parenting

宝宝出生后，他们都会出现激素水平的变化，主要表现在能引发保护欲的激素水平升高（同时睾丸素水平下降）。许多男性都惊奇于自己竟然这么擅长安抚哭闹的宝宝和哄他们睡觉。

许多爸爸在"宝宝蜜月"期间还当起了"守门人"的角色：应门、接电话，以及确保妈妈和宝宝不被大批探望者搞得疲惫不堪。有些父母设定了暗号或暗示，一旦妈妈感到累了，就对另一半用暗号，那么他们就会委婉地引导某位逗留太久的客人离开。爸爸可以多采购些方便烹食的食物，在冰箱里储存一些只需加热即可食用的菜品。这也是他们能让生活更方便的方法，同时还能让双方都有更多的时间和宝宝在一起。

要敢于寻求帮助

产后的前几周，你和你的另一半都会感觉需要其他人的帮忙，特别是如果你们的宝宝是一对双胞胎，或者家里还有其他孩子。许多新晋父母会请亲戚或者好友来帮忙，另一些人会选择雇一位"导乐"（专业为孕妇及其家人在怀孕、分娩以及分娩后阶段提供生活照料及情绪支持的人），或者雇人来做家务。如果有人能给你提供帮助，能理解你的需求，让你知道该怎么当父母并找到自己与宝宝相处的方式，那么这段时间会进展得比较顺利。

生完莱恩的前几周，我大部分时间都是跟他一起躺着，我真是太累了。肖恩的妈妈过来给我们做饭，她不在的时候，肖恩就做饭。我的一个朋友也过来照顾了我几天，大家都感觉很好。我们没有接待来探望的人，家里只有照顾我们的人。第六周我迎来了第一批访客，是我的同事，他们带我出去喝了一杯，感觉怪怪的。

　　　　　　　　　　　　——米兰达，莱恩（18个月）的妈妈

　　产后前几周家里最需要有人帮忙，因为产妇那时候是最疲惫、最虚弱的，也是宝宝最需要她的时候，有人帮忙的时间当然是越长越好。如果家里有其他人帮忙，那爸爸为期两周的陪产假就可以考虑分开休，比如，宝宝出生后马上休假一周，剩下的一周可以等到其他帮忙的人离开后休，这样就能延长有人陪伴照顾的时间。大多数父母都发现，请人来自己家里帮忙比去亲戚或朋友家接受他们的照顾要好得多，一半原因是他们感觉待在自己家里更舒服，另一半原因则是这样能让过去的生活更好地向新的生活过渡。

　　当妈妈出现哺乳困难或感到疼痛时，一些爸爸发现自己有些束手无策，因为他们觉得自己在这方面帮不上什么忙。但如果他们能了解母乳喂养是怎么一回事，怎样做对其有帮助，怎样做又无济于事（详见第6章），他们就不会觉得帮不上忙了。作为爸爸，有时帮忙的最佳方式就是向当地的母乳喂养组织寻求建议。其他时间，他或许只需要对妻子表现出信心，相信她能够哺育好他们的孩子。

　　妈妈需要有育儿技能，这样她们才能养育孩子、应对挑战，因为养育孩子这件事的确很有挑战性。孩子是最难掌控的，如果没有其他人帮助的话，真的很难。

　　　　　　　　　——苏菲，马克西姆（6岁）和安娜（14个月）的妈妈

如何安排来访客人

想要度一个轻松的"宝宝蜜月"的话，管理访客是关键，好的安排能让你在得到需要的帮助的同时，和宝宝的亲密相处还能不被打扰。家人和朋友肯定都想尽快见到宝宝，有些父母已经做好准备让他们的宝宝马上见到大家，但还有一些父母则担心他们的隐私被侵犯。

当然，访客到访的目的不一。有些人自然而然地将自己视为来帮忙的人，实实在在提供了很大帮助。这些访客带着食物来访，或者到了就卷起袖子开始帮忙熨衣服、洗餐具。其他人则只对抱一抱小宝宝感兴趣。大多数访客都看得懂你的暗示，如果你不想宝宝被一个人接一个人地传着抱个遍，你就一直抱着他，访客们就只能满足于摸摸他的头，或者让他抓着他们的手指了。

宝宝出生后的前几周，亲戚朋友们来过家里一次。我让他们抱亚历山德拉，但不能太长时间。她还很脆弱，我只是觉得她心里并不想被别人抱。我想祖父母可能是担心如果他们没在孩子小的时候抱她，就无法跟她有情感上的联系，所以才这么急着要抱她的，但其实并不是这样的，那些联系需要时间才能慢慢建立，她现在跟祖父母特别亲近。

——莉兹，亚历山德拉（2岁）的妈妈

别人抱着你的宝宝时，如果你感觉有些焦躁，想赶紧把他抱回来，不必惊讶。你也许会发觉自己的眼睛紧紧追随着他，这样你就能第一时间捕捉到他想吃奶的信号，或者察觉到他想回到你的怀抱的迹象。这很正常，表明你正在不断了解他的需求。

生克拉拉后，我本能的反应就是要亲密地抱着她不放开。我就是不想让宝宝被每个人都抱一遍。如果有人想帮忙，我会请他们帮忙洗餐具，不用帮忙抱孩子。有位亲戚来的时候喷了非常浓的香水，然后抱了宝宝，我感觉糟透了。当我把她抱回来的时候，感觉宝宝身上好闻的奶香味好像被夺走了。那之后，只要有人来访，我就赶紧哺乳，这样他们就不会要求抱她了。

——朱莉，克拉拉（10个月）的妈妈

对一个小婴儿来说，认识新的面孔、辨别陌生的声音和气味是非常累的。他们需要一段安静的时间，也需要一位让他们安心、帮他们处理这些信息的人在身边。如果他们这些要求没有得到满足，就可能由于压力过大而很难平静下来。父母们都有这种经验，接待了一整天访客后，宝宝容易变得饥饿而暴躁不安，并且晚上也很难哄他入睡。

新晋父母有时在接待访客后也会觉得烦躁。有些人觉得接待访客太累了或情绪上会起伏比较大；有的则是觉得，在人前安抚一个哭闹的宝宝非常有压力，因为他们自己还没有找到安慰他的最佳方式。想到要在亲戚朋友面前哺乳，而此时妈妈和宝宝对这件事都还在摸索阶段，这也会让人却步。正是因为这些原因，父母们才需要做出决定，他们想要谁留在身边以及能待多久。这是父母在"宝宝蜜月"期间是否感受到压力的重要因素。

> 我婆婆在产后前几周每天都过来照顾我们，她真的很好。她一直在一旁默默地打扫、洗刷，如果有人来探望，她会尽量让整个探望时间都围绕喝茶进行。而且她对宝宝真的特别好，又不会太强势地决定一切。
>
> ——海伦，爱丽丝（8个月）的妈妈

帮助家里其他孩子适应新变化

如果这是你的第一个孩子，那么"宝宝蜜月"只涉及你、你的另一半还有你们的孩子。如果你生这个宝宝之前已经有其他孩子，那他们当然也需要参与到"宝宝蜜月"中来。他们需要一些时间来了解自己的新弟弟或妹妹，同时他们也需要调整和父母的关系，尤其是与妈妈之间的关系，特别是此前如果他们独享妈妈所有的爱的话。

孩子在面对复杂情绪的时候，通常会退回到一种更加不成熟的阶段，所以家里年龄不大的孩子在经历这段时间的调整时会尤其需要你。他会不断地想得到安慰，确保你也爱他，而不会因为有了一个新宝宝要照顾就抛弃他或者不再当他的爸爸妈妈。如果他之前也是母乳喂养的，那么他可能会想要重新开始吃母乳（通常母乳足够喂养两个孩子）或者只是想再尝一尝。如果他到现在还没有断奶，那他也许会比平时想吃更多。许多孩子都说他们恨刚出生的宝宝，希望父母把这个小东西送回去。这就是成长过程中比较困难的部分，孩子年龄越小越觉得难，不仅仅是因为他没有足够的语言能力表达清楚自己的感受，还因为这很可能是他第一次面对这么大的变化。

好在孩子的这种情绪持续时间通常都不会太长，特别是当你的孩子感觉到你没有抛弃他。多给他一些拥抱、安慰，满足他任何时候想依偎在父母怀里或者想吃母乳的要求，这比送给他大量的礼物要有用得多。有时候你可能会同时抱着这两个孩子，但腾出一些时间来跟年龄稍大的孩子一对一地单独相处会很有帮助。如果你接收到了他不安的信号，并允许他做任何能让他感觉到安全和自信的事，到了一定的时间他自然会适应这个新的变化的。

同时，你也要适应做两个孩子（或多个孩子）的父母，孩子们有时会意见相左，把你拉向不同的方向。你会在新宝宝（因为他还比较脆弱，你自然会多放一些注意力在他身上）和其他孩子之间左右摇摆，会发现处在这种进退两难的境地压力是如此之大。当然，要满足不止一个孩子的需求

一直是件充满挑战的事情，但这一时期的紧张感很快就会平息。

> 我很喜欢大家都在家的感觉。最主要的事就是悉心照顾小宝宝，并确保其他孩子也能高兴。但这给尼克出了个难题，我是想让他在家照顾我的，但是孩子们觉得他应该在家陪他们玩或者带他们出去玩——知道他会在家待两周的时间，他们简直兴奋极了。但尼克不太习惯这种被孩子们这么需要，并给大家准备一日三餐的生活。现在回想，当时应该请别人来帮忙的，但这也不太好办，因为我们不想让其他人待在身边。
>
> ——席娜，路易（6岁）、玛雅（4岁）和
>
> 卡梅拉（9个月）的妈妈

补一个迟到的"宝宝蜜月"

"宝宝蜜月"永远不会太迟。如果宝宝刚出生的那段时间，你因为种种原因陷入混乱，比如，健康状况不好，或者有其他的家庭危机，等等，那事后可以补一个迟到的"宝宝蜜月"，开启生活的新篇章。如果你的宝宝因为早产或者疾病在医院待了很长时间的话，就更有必要补一个"宝宝蜜月"了。

终于能把宝宝从新生儿监护室接回家是一个重要的欢乐时刻，同时也很让人伤脑筋。因为宝宝已经习惯了医院的日常安排和作息时间，一方面可能是他们的健康状况要求这样，另一方面可能是因为医院就是这样规定的。在这种情况下，无论你有多期待把宝宝带回家照顾，都会发现最初一段时间，你很难相信他能准确告诉你他需要什么，而你又刚好能正确提供给他。"宝宝蜜月"能让你比之前更深层次地了解他，让你在不被监督的情况下，学会自然回应哪怕最不易察觉的宝宝的需求信号。"宝宝蜜月"对宝宝来说也是一个非常柔和的方式，能让他适应新环境，并逐渐忘掉医院里刺眼的灯光、大声的喧哗以及哔哔作响的各种医疗器械。

迟到的"宝宝蜜月"和产后马上开始的"宝宝蜜月"没有多大区别。如果父母二人不能都在家，那么试试看能否请朋友或者亲戚来家里待上一两周，在这段特殊的时间给你提供精神和生活上的帮助。

> 鲁本是早产，我们是在他原本的预产期前就回家了，回家之后真是费了好一番功夫才弄明白他的需求，完全是医院的日常套路。你不在他身边的时候真的很难承担照顾他的责任，也很难信任他所表现出来的需求，因为那很可能是医院的日常习惯，而不是他真正的需求。
>
> ——琳恩，鲁本（13个月，第31周出生）的妈妈

宝宝主导育儿法
Baby-led Parenting

适应宝宝的节奏

婴儿出生后的几周内，大部分时间都在睡觉和吃奶，中间短暂醒着的时间就在观察和倾听周围发生的事情和声音。起初，你完全无法预测他什么时候想做这些事情，每次要持续多久，也不明白他为什么这样，所以会感觉生活一片混乱、无法掌控。许多宝宝在凌晨的时候是最清醒的，尽管这给父母出了个难题，却是正常现象。有些宝宝似乎还延续着在子宫里的作息规律，白天大部分时间都在睡，一到晚上就变得兴奋起来，但即使是大体按照这种规律，每天也会有所变化。所有这些都会让新晋父母感觉精疲力尽。

最初几周我真的希望能够多一些对宝宝的预见性。我本以为固定日常作息就能在这方面帮助我，但我发现每件事都要花费很久的时间。因为她总是在本该在床上睡觉或者洗澡的时间黏着我。最终，我才认识到，唯一能让她高兴的方法就是我陪着她做她想做的事。我只要严格按照她的想法走就可以了，而不是按照所谓的日常作息。意识到这一点之后，我觉得照顾宝宝似乎没那么难了。

　　　　　　　　　　　　——莫莉，弗雷迪（4个月）的妈妈

　　育儿是一个每周7天、每天24小时无休的体验，你可能希望有一个既成的模式，这样你就知道自己目前需要做什么。一些父母推崇固定日常作息的方法，设定宝宝睡觉、进食的时间，但这样会忽略宝宝的个性、特殊的需求以及不同的成长阶段，也忽略了父母自己的个性及需求。新生儿需要时间来调整他们的睡眠模式，逐渐适应白天—夜晚的睡眠规律（甚至专门从事睡眠训练的人都认为，宝宝6个月以上才能开始适应白天清醒、晚上睡觉的作息）。宝宝还会频繁地要吃奶，只要他们需要，不管是什么时间。如果按照设定的时间表进行喂养，对母乳喂养来说非常不利。许多父母发现，采用设定时间表的方式育儿事倍功半，因为对哭闹的宝宝充耳不闻，或是在他不想睡觉的时候强迫他睡觉，要花费很大力气，本身就是很累人的事。

　　最终，你的宝宝会建立一套自己的生活作息模式，与你的作息模式相近，这是基于他自身的需求和与你的共同经历建立起来的。同时，你也可以慢慢摆脱时间的束缚，只是亲密地和他待在一起，回应他的需求。

　　　　我真希望一开始的几周我就能明白他们不会一直处在这种混乱的作息中。那时候，你只需要做他们需要你做的就行了，因为有关他们的一切都在不停变化，随着他们的长大，也会变得比较容易照顾。

　　　　——艾莉森，佛洛伦斯（4岁）和杰西卡（7个月）的妈妈

本 章 要 点

◆对新晋父母来说，前两三周会感觉极其紧张。"宝宝蜜月"能给你适应这个新角色、了解宝宝的机会，对母乳喂养尤其有益。

◆跟宝宝亲密接触有助于预知他的需求以及建立牢固的亲子关系。

◆"宝宝蜜月"能为你提供长时间与宝宝肌肤接触的机会，这有益于宝宝的身心健康、母乳喂养以及亲子关系的建立。

◆身边能有人扮演帮手和守护者的角色是很好的，他们可以保护妈妈和宝宝间的亲密接触不被打扰。

◆选择产后前几周你想要谁待在身边，对于帮助自己和养育宝宝来说都是重要的一步。

◆家里稍大一些的孩子会需要很多帮助和辅导来适应有了一个弟弟或妹妹的新变化。

◆如果宝宝出生后的前几周，你们因为种种原因受到打扰，那么补一个迟到的"宝宝蜜月"能帮助你们安定下来，接纳彼此成为家人。

◆倾听宝宝的需求，让他独特的生活模式显现出来，这样对所有人来说，都比试图让他遵循为他设定的日常作息要简单得多。

第5章
与宝宝进行交流

在一段亲密的、宝宝主导的亲子关系中，父母和孩子几乎始终在相互交流，或是通过触碰、动作，又或是通过表情和声音。你的宝宝会告诉你他需要什么，但只有当你表现出想了解他的时候，他才知道他的交流成功了。倾听和回应你的宝宝是允许他们融入周围环境的第一步，换句话说，就是让他们有自主性。通过你的回应，他能知道自己有能力进行交流，能让别人明白自己的意思，也能改变周围事物。与宝宝之间的双向交流是宝宝主导的育儿法的关键。

宝宝需要交流

　　宝宝从出生的那一刻起就做好了和你交流的准备，并且想尽快实现这一交流，以宣告他的到来。他最初会盯着你看，促使你也盯着他的眼睛，从而引发你想要保护和哺育他的欲望。出生20分钟内，大多数宝宝就可以模仿别人吐舌头，几天后，就会试图模仿别人皱眉、微笑或者做出惊讶的表情。真正做好这些可能还需要花些时间，但那一定是经过他多次思考和尝试的结果（新生儿貌似不会去模仿那些条件反射引发的反应，比如咳嗽和打喷嚏）。一周之内，宝宝就会主动地开始和你互动，要么通过眼神交流，要么发出点儿声音吸引你的注意力。五六周大的时候，宝宝就能对着你微笑了。

　　与大多数成年人一样，宝宝不喜欢只做倾听者，他们也想参与交流。别看他们小，但他们绝对知道聊天的时候要轮流说话，并且，在他们学会真正说话之前，也完全可以展开简单的"对话"。即使是新生儿，也懂得在你跟他说话的时候看着你的脸，专心地听。如果你停顿下来表示该他说话了，并给他时间思考，他就会给出回应——有可能是模仿你刚才的表情，发出一个小小的声音，或者是动动胳膊、动动腿。无论他的回应是什么，即使只是眨了一下眼睛、扭动了一下身体，或者只是发出了一声叹息，你都应该表现得愿意"倾听"，并认可他给出的回应。这是与他保持同步的重要因素，也能帮助你理解他想要交流的内容。

为什么宝宝需要交流

没有父母的帮助，宝宝几乎什么都做不了，所以他们必须想办法让父母帮助自己。宝宝会爬之前，无法自己去找你，只能等着你来抱，所以他得学会叫你；如果他饿了，也不会自己找东西吃，只能让你来喂；如果他够不到某件好玩儿的东西——对你来说可能很容易，但他自己确实办不到——他就需要告诉你他想要那个东西；如果他觉得冷或者孤单，自己没办法解决这些问题，又无法明确地向你描述他的感觉，他能做的只是让你知道某些东西让他不高兴了。这时候，即使你不明白宝宝需要什么，但只要知道他有需求，并尽力做些什么让他感觉好一点，就能让他信任你，也能让他感觉到安全。这就是宝宝需要交流的原因，因为他开始认识到自己能对一些事情产生影响，而你就是依靠，可以帮助他改变周围的环境。

当宝宝能向你表达他的感觉，你通过动作或语言告诉他你明白他的意思的时候，你们之间真正的交流就开始了。这种线索—反应的交流模式随着时间的推移会成为一种默契，也是一段健康的母子关系的基础。这种母子间的对话每天要发生好多次，比如，如果你注意到宝宝有些困，可以对他说："你看起来很困，要不要睡一会儿？"接着开始温柔地哄他入睡。

宝宝主导的育儿法的核心就是，鼓励宝宝通过表情、手势和声音来跟你
"对话"，并对他的每次表达都做出回应。但这也意味着你必须学会听懂他
们的语言，越早学会，就越容易了解和照顾他。

> 我有时发现自己在跟她讲一些非常荒唐的事，因为我太兴奋
> 了，迫不及待地想让她认识整个世界。我简直不敢相信，自己总
> 是一遍又一遍地对她说话。"你看，那是一棵树吗，奥莉维亚，
> 是一棵树吗？""饿了吗，宝贝，你饿了吗？"然后她就会盯着
> 我，好像怕错过我说的任何一个字。
>
> ——尼古拉，奥莉维亚（5个月）的妈妈

听懂宝宝的语言

产后的前几个月，宝宝最大的需求就是希望被你抱在怀里，因为那样
让他感到温暖、安慰和安心。但他也有其他的需求，比如，饿了想吃，困
了想睡，或者需要换尿布。他天生就会很多种向你表达需求的方式，并且
愿意把这些都试一遍，看看哪种方式最有效。宝宝的某些动作、手势、
表情或者声音你可以轻易捕捉到，但还有一些你可能注意不到，除非你已
经很了解他了。他的有些表现代表着某一特定需求，而有些表现可能不止

一个意思。起初你可能只能通过把多个信号综合起来才能理解他的需求，然后逐渐能够越来越快地明白某个线索代表需要什么，最后基本上在宝宝开始哭之前，你就能明白他需要的是什么了。

安抚奶嘴使用不当弊大于利

父母有时候会用安抚奶嘴让宝宝平静下来，但这会阻碍他们的交流，尤其是频繁使用的话。嘴里含着安抚奶嘴不利于宝宝发声和模仿面部表情，也不利于父母获取宝宝想要传达的类似不舒服或者饿了的信息，也就意味着父母的回应会被迫延迟。

安抚奶嘴在安抚宝宝的同时也会带来一些负面影响，或是会延长宝宝的睡眠时间，从而导致宝宝不能及时提出自己的需求引起父母的关注，直到他的需求已经到了非常强烈的地步才会寻求帮助。这样尤其会给喂养方面造成问题。随着宝宝不断成长，长时间使用安抚奶嘴会影响他学习说话，也会导致上下颌骨发育畸形（以及以后牙齿咬合不正）。如果你想给宝宝使用安抚奶嘴的话，尽量缩短使用时间，只有当他不得不使用的时候，比如需要含着奶嘴入睡或者没有别的方法能安抚他时才使用。

听懂宝宝的语言的秘诀就是综合运用视觉、听觉和触觉来捕捉他的情绪变化。他还不会说话，所以大多数语言都是肢体语言。他或许会通过向感兴趣的东西挥手、更积极地从某一侧乳房吃奶、被某种姿势抱着时显得更放松这样的方式来告诉你他喜欢什么，又或者会通过扭动、挺背、把

脸转开来告诉你他不喜欢什么。如果感到不舒服，或者冷了，他或许会稍稍扭动身体。当你开始察觉这些细微的信号，并将它们和周围情况联系起来，就能慢慢知道宝宝喜欢什么、不喜欢什么，以及怎样才能安抚他了。你会很快就能摸清他的喜好和厌恶，快到让自己都惊讶，也能在他开始抱怨之前迅速帮他脱离不喜欢的环境。

"宝宝蜜月"（详见第 4 章）能帮助你更快地明白宝宝给出的哪怕最微妙的线索。如果之后还继续尽可能跟宝宝保持亲密的话，能让你更轻松地回应他，尤其是如果他需要什么东西的话，可能只需要稍微多一些注意，你就能马上给他需要的东西。比如，如果能发觉他需要进食的最初征兆，你就能给自己留出充足的时间放下手中的活儿，为自己准备好水和小零食，然后找一个舒服的地方开始哺乳。如果是人工喂养的宝宝，那么你要马上打开热水壶给他冲奶，在他完全醒来之前一定要把奶冲好。你和他亲密相处的时间越长，你越愿意接收他那些细微的信号，你们之间的交流就会变得越同步和顺畅。

> 我一直将克洛伊带在身边，大部分时间都是这样。有时我能非常明显地察觉她哪里不对劲儿了——通常都是她饿了。如果她困了，那么给她吃点奶就能睡着了。这么久以来她就只需要这些。
>
> ——海莉，克洛伊（14 个月）的妈妈

你的宝宝给出的许多信号都是他自己独有的，也只有你能读懂。通常情况下，父母（尤其妈妈）都会本能地比其他人先察觉宝宝的需求。实际上，许多很好相处的宝宝之所以表现得很从容，是因为他们的父母非

常了解并能及时满足他们的需求。但无论你对宝宝的情绪变化和给出的信号多么敏感，都不能保证始终能够完全理解并满足他们的需求。这是一个通过反复试验来不断学习的过程。随着宝宝不断成长，他们会改变，需求也会变得更多样，给出的线索也会变得更复杂。所以你不可能总是明白他们需要什么。但是应尽力去探寻原因，关注宝宝的反应，让他知道你始终在倾听。

> 我记得有一次在公车上，我抱着索菲娅，她那会儿还很小，显得很难受而且开始哭闹。我尝试了所有办法，但她既不吃东西，貌似也不困，尿布也没有湿。我实在是没有头绪，显得很纠结。最后，车上一些老太太说："孩子，给她脱掉些衣服，她太热了！"她们真的说对了，但确实需要些经验才能明白孩子这些表现的意思。
>
> ——凯瑟琳，索菲娅（2岁）的妈妈

读懂宝宝不同的信号

在不同的时间，宝宝即使使用某些相同的信号也可能表示不同的意思，你可能需要花点儿时间来弄明白应该做什么。还有一些信号，是专门针对某种特定需求的，那些是很明显的。宝宝向你传达需求的方式也会随着时间的推移不断变化，因为他变得更加擅长交流了，而你也变得更熟悉他传达的各种信号了。比如，宝宝非常小的时候，醒着的大部分时间就是要吃奶。他可能会转过头寻找妈妈的乳房（被称为"寻乳"），也可能会

扭动身体，反复张合手和嘴，来回摆动头部，等等，通过这些方式来传达他要吃东西的需求。如果没有得到回应，他可能会开始咂摸嘴唇，小声哼唧，或者开始吮吸衣服或手。一旦你了解这些信号，就能更快地明白他的需求。随着宝宝一天天长大，他会简化这些信号，形成自己独特的方式，比如拍拍你的乳房或者发出特定的声音。

> 乔什小的时候，真是让我费尽心思。我永远搞不懂他需要什么，所以我总是先试着喂他母乳，如果他不吃，我再去检查一下是不是该换尿布了或者有什么其他情况。但通常如果他开始扭动身体，那表示他要吃东西了。
>
> ——梅兰妮，乔什（9个月）的妈妈

宝宝发出的累了或者太多刺激一时间承受不了的信号并不总是那么容易被解读的。如果是稍大一些的孩子开始哭闹或扔东西，那很明显他是受够了某项活动。但小宝宝们早期的信号要微妙得多，特别是才几个月大的宝宝。对于一个小宝宝来说，他所接触的一切事物都是新鲜的，所以会很容易感觉超负荷，哪怕只是看着某个人的脸或者某个玩具。如果有人喋喋不休地说话，也会让他有同样的感觉。针对这种情况，宝宝会暂时关闭"接收系统"，可能表现为看向别处或者闭一会儿眼睛，这样才能消化刚刚经历的事情并做好归档，然后再开始新的一页。如果这些信号没有被注意到，父母还想要继续刚才的活动，比如把宝宝转过来，迫使他看着自己的眼睛，继续不停地对他讲话，或者在他面前摇晃玩具，宝宝很快就会感到疲惫、受挫，随之开始哭闹。

　　宝宝承受不了过度刺激的表现很像困倦时的表现，因此通常都会出现烦躁、揉眼睛或者扯耳朵这样的信号。如果想要分辨他到底是不是困了，就要看他是否还做出了困倦的典型表现，比如，打哈欠、动作缓慢，以及眼神呆滞等。

过度刺激和困倦的信号

　　以下是一些常见的信号，表示宝宝对某种情况的承受能力已经达到极限。你的宝宝可能有其中一种表现，也可能有以下所有表现，或者有他自己独特的表现。

- 扯耳朵
- 揉眼睛
- 烦躁不安
- 打嗝
- 身体打挺
- 把头或身体转开
- 吮手
- 吐奶

　　如果你注意到宝宝发出这些信号，那他很可能需要暂时停下现在所做的事情。如果他表现得不想再继续了，困了的话可以哄他睡一会儿，或者让他跟你安静地待一会儿，换个环境，呼吸点儿新鲜空气。如果他给出这些信号表示需要休息一下，但那些好心的朋友和亲戚理解不了的话，你要随时准备营救他。

其他的信号，比如扭动身体、挥动手臂或者烦躁不安，意味着你的宝宝因为某种原因感到不舒服了，有可能是穿了刺激皮肤的衣服，或者感觉太热或太冷。如果他被困在婴儿车里，可能是想要你把他抱起来，或者希望能更自由地活动。稍大一些的宝宝很容易感到无聊，所以需要换个环境或者开始新的游戏。有时你只需要把宝宝抱起来，跟他说说话就够了，而有时你还需要做一些侦察工作，弄清楚他到底怎么了，怎样才能让他好起来。

与宝宝用手势交流

宝宝很容易看懂手势，他们也热衷于模仿别人，再加上他们越来越强的灵活性，这就意味着，在他们能用语言来表达之前，你们可以通过手势来交流。许多父母在跟宝宝说话的时候很自然地伴随着手势，在相同的语境中重复使用同样的手势。于是，宝宝开始相应地再现这些手势，比如，如果有人要离开，你的宝宝8个月左右可能就会自发地挥手再见。他或许也会自创一些手势，比如，当他希望被抱起来或者被人背着的时候，会举起双臂。如果你能明白宝宝某个特定的手势代表什么意思的话，就鼓励他继续使用，并每次都对他的这个手势做出回应。即使有时不能给他想要的东西，但你可以告诉他你已经明白了他的意思，认可了他交流的尝试，这能激发他的信心，并鼓励他拓展自己的技能。

宝宝手语就是日常手势的正式化，同时还包含一系列在交流中被认可的日常手语。在他们会说话之前，都得靠手语来交流。父母在说话的同时使用相应的手势，并不断重复，宝宝就会将二者联系在一起。最广泛使用的手语包括"奶""没有了""饿""渴"，还有一些表示动物、汽车、玩具等的手势。手语给宝宝提供了表达自己需求的简单方式，能够避免许多父母和宝宝在交流中出现挫败感。

除了了解宝宝的日常手语外加一些侦察工作外，你可能还需要偶尔靠自己的猜测来"破译"宝宝想向你传达的意思（如果你猜不中，他会产生挫败感），特别是当他想要表达的不是那些简单的日常需求时。但随着你们之间关系的发展和加深，相互之间的交流也会变得越来越容易。

现在乔茜大一点儿了，所以要理解她想要什么比以前容易多了。有时她能明确表示想坐在我腿上，坐好后又开始动来动去，挥舞手臂，直到我开始走动。大多数情况下，她只是想去另一间房间；但有时，我要带她在房子里转一圈，她才能安静下来！我觉得她只是在同一个地方待的时间长了，开始烦了。

——安德拉，乔茜（9个月）的妈妈

跟宝宝聊天

宝宝在能开口说话之前，就开始能理解一些词汇了。研究显示，宝宝出生的时候就已经对妈妈说话的节奏和声音很熟悉了，并且还能区别妈妈说的话和别人说的话。约 6 个月大的时候，大多数宝宝就开始能认识和理解一些常用短语以及熟悉的物件和人的名字。

成年人（甚至稍大一些的孩子）对婴儿说话的方式不同于他们对别人说话的方式。人们习惯用一种温柔、抑扬顿挫、夸张的音调对宝宝说话，通常声音提得较高，还喜欢重复说过的话，几乎全世界都是这样的。这种悦耳的类似唱歌的说话方式被称为妈妈语或父母语，据说宝宝对这样音调的话语更敏感。大多数人在跟宝宝交谈时的表情也会比跟其他成年人交谈时夸张，大家会把眼睛睁得大大的、不停微笑，总之是让自己的感情更明显地表露出来。当你跟宝宝交谈时，你会发现自己下意识地在这么做。

在你跟宝宝说话时，他不只是在听你说的字眼，也在关注你的语速、语句的长度和节奏、整体音调、声音的抑扬顿挫以及你的面部表情。综合这些因素，他才能理解某个词所代表的意思，同时靠这些因素感知到你的情绪是怎样的。这样有利于他学习如何说话以及如何辨别和理解别人的情绪。你可以跟宝宝谈谈他的情绪，谈的时候记得使用匹配的语句、声音和表情（比如，"你看起来很高兴，因为你在笑！"或者"宝贝，你不开心了吗？"），通过这样的方式帮助他分辨自己的情绪，同时鼓励他把内心的情绪表达出来，并让他知道你是可以信任的，能够理解他的感受。用这样的方式回应他的心理感受（被称为"将心比心"）也有助于他慢慢去理解他人的感受。

　　有些父母觉得跟宝宝说话有些难为情或不知道该说些什么。如果你不知道要说些什么的话，可以关注你的宝宝，让他提示你有什么可以交谈，这是最重要的窍门。除了了解和讨论他的情绪，还有一个简单的方法，就是聊聊你们每天经历的事，比如在你给他换尿布的时候告诉他你在干什么，并请他帮忙配合。宝宝很早就开始学着去理解人们说的话，如果同样的词汇在不同的语句中出现，他们能够从中挑出这个词。所以当他听到你说"你能把腿抬起来吗""我现在要把你的腿放下来了"以及"你试试能不能把腿伸直"，他就能挑出"腿"这个词，并在他能开口说话前，就知道"腿"指的是什么。出门散步的时候有很多东西可以跟他说（小狗、汽车、行人、微风、太阳、喊声和狗叫声等），但其实平常待在家里也可以很有趣，比如，你可以跟他说："快看，邮递员阿姨来了！她今天穿着大红色衬衫来给我们送信了。"你不必费心去发明宝宝专用词汇，只要重复我们所用的像"衬衫"这样的简单词汇，宝宝就会记住。如果把这个词汇放到不同的句子中说，还可以让宝宝知道这个词的使用方法。

宝宝主导育儿法
Baby-led Parenting

宝宝需要好好聊天

婴儿和儿童在跟我们说话的时候都希望我们能专注地倾听。许多父母发现，如果在"对话"中被打断，宝宝会强烈抗议或显得不知所措。比如，某个人来跟他说话，可能打了一个招呼或者玩了一小会儿就突然走开或消失不见了，宝宝都还没机会做出回应。旁边有很多噪声也能让他感觉分心和混乱。与成年人一样，宝宝也希望能集中精力听对方在说什么，如果被另一个人或很大的噪声打断，那么他们就会和我们一样感觉受挫，而他们在表达的时候被突然打断也会感觉很不爽。所以建议父母们，只要条件允许，一定要让宝宝有机会专注地跟你们对话，并尊重他们表达自己的权利。

我跟萝丝在一起的时候总是会跟她说话，就像是体育评论员那样，但语速要慢得多。我总是希望她能知道我们现在在做什么，以及接下来要做什么，然后我会等待她的反应，但必须得有耐心。我敢肯定这样经常跟她说话让她更加放松，并且这能让她很早就知道很多词汇。

——凯特琳，萝丝（11个月）的妈妈

准备开口说话

一旦宝宝开始发声来表达意思，就是在准备开口说话了。宝宝开始的时候只是发出喔喔啊啊的声音，随后会在此基础上演变为长一点的清晰的元音。从大约 5 个月大的时候，宝宝会开始发出"啊咕""啊啵"的声音，这就是牙牙学语阶段的开始。1 岁左右的时候，许多宝宝在玩耍时开始能发出一连串含混不清的发音，中间甚至会夹杂一两个清晰的词汇，比如（你们一直期待听到他们叫的）"妈妈"或者"爸爸"。

> 她坐在婴儿车里面对着我的时候，我们会说很多话。有时她喜欢背着我冲着前面坐，但那样的话，如果她想引起我的注意，我可能听不到。面对我让她能随时跟我咿咿呀呀地说话，我也能随时回应她。
>
> ——萨拜娜，乔治娅（6 个月）的妈妈

如何应对宝宝的哭闹

所有宝宝都有哭闹的时候，你不能等着他开始哭闹才想着怎么回应他。实际上，你越快弄清他需要什么，就能越快满足他的需要，你们的生

活也会越平静。婴儿的哭声听起来有种撕心裂肺的紧迫感，这是有原因的：从人类进化的角度来讲，他们的生存依赖于成年人的时时关注。大多数宝宝在哭之前，会通过一系列信号让父母知道自己需要什么。如果他们最初的信号没有得到回应，就会再做其他尝试，如果还是没有得到回应，他们就只能靠哭闹来引起父母的注意了。至于从最初的尝试到开始哭闹之间需要多长时间，这要看每个宝宝的性格以及当时需求的紧急程度了。

如果你错过了宝宝最初的提示，他很可能会变得很焦躁，比如会不停扭动身体，嘟哝不休，来回转头，踢来踢去或者开始抽泣，这些都表示他现在非常需要你，而且预示着他马上就要哭了。一旦他真的开始哭闹，却还没得到回应的话，就会变得越来越受挫和崩溃，会哭得停不下来。你最好能尽快让他知道你在身边，不光是因为这样更容易安抚他，还因为有些宝宝如果知道只有哭才管用，就会跳过之前的那些"步骤"，更频繁地哭闹。如果最后发现他哭闹只是想要你抱着他，也千万别小看这件事，因为在他那么小、没有时空概念的时候，给他拥抱是唯一能让他感觉到安全和被爱的方式。

如果出现以下情况，你的宝宝很可能会在你做出反应前开始哭闹：

● 你不在身边，所以没能发现他最初的请求（或者你被其他东西吸引了注意力）。

● 他的需求非常突然且紧急。

● 此需求以前没怎么出现过，所以你无法辨别这个信号。

● 此需求不是日常需求，他自己也不太清楚该怎么表达（比如，他可能生病了，或者感觉疼痛）。

我不想做任何会让我的孩子哭泣的事，我就是这样的人。我已经能分清贝丝是因为有某种需求而哭，还是因为真正的伤心而哭了。当她因为有某种需求而哭时，我都会尽快想办法满足她当时的需求，不然她就会很快变成真的伤心了。

——乔安娜，伊莉斯（4岁）和贝丝（3个月）的妈妈

宝宝有时候会突然间没有任何征兆地开始哭闹。他们在受到某些突然或者意外的刺激时第一反应就是哭泣，比如刺眼的强光、刺耳的噪声或者被突然的动作所惊吓。如果他们一直在玩耍，没有意识到自己困了或者饿了，一旦他们意识到的时候，就已经到了非常严重的阶段，所以会突然开始哭闹。

肠绞痛引起的哭闹

据说，通常情况下，宝宝经常哭闹，尤其是晚上经常哭闹，是因为肠绞痛。这种定期的、无法安抚的哭闹让父母犯了难。以前人们认为肠绞痛是消化系统疾病引起的，因为哭闹的宝宝总是蜷起膝盖，呈痛苦状。然而，我们现在知道，宝宝频繁地抬起膝盖想把自己的身体蜷起来，只是因为他们觉得很无助。

出现肠绞痛症状的原因还不太清楚。有些母乳喂养的宝宝经常哭（还伴有胀气便秘），通常是因为不正确哺乳造成的。这种原因造成的疼痛症状会随着宝宝吃母乳和妈妈哺乳技巧的提升得到改善。还有一种不是太常见的情况，有些宝宝每次喝过奶后都会哭闹，这些宝宝通常患有胃食管反流病（GORD或GERD），食管黏膜受

> 到了损伤。对于因为这一原因哭闹的宝宝，用药即可解决问题。然而，对于绝大多数出现肠绞痛的宝宝，引起他们哭闹的原因尚不清楚，药物治疗也没有太大效果。
>
> 　　此类哭闹通常在宝宝4个月左右会自然缓解，同时，也要确保宝宝吃母乳的时候紧密贴合妈妈的乳房，吃完后要竖着抱起来，一天中至少用婴儿背带竖着抱他或用手竖着抱他一会儿，这样能有效缓解肠绞痛症状。

　　乔需要一直竖着抱，如果我想换个姿势抱，他就会哭。所以他前3个月都是在婴儿背带中度过的，因为只有这样我才能既竖着抱他又能干其他事。

——罗谢尔，乔（11个月）的妈妈

　　对许多宝宝来说，哭泣最常见于出生后的前几个月，在两个月左右达到顶峰，之后开始逐渐减少。目前并不清楚是因为宝宝两个月之后变得比以前开心了，还是他早期的问题都自己解决了，又或是因为他们更擅长向父母表达自己的需求了（或者父母更擅长满足他们的需求了）。总之，无论是什么原因，事情开始向好的一面发展了。

宝宝的不同需求

　　不同的宝宝在许多方面都有很大差异，比如，对轻微不适的忍耐程度，某种需求变得非常紧急的速度，以及不高兴的时候被安抚的难易程度。有些宝宝似乎天生比其他宝宝要求更多，那么养育他们的难度就要稍高一些。另外，有些宝宝不要求那么多关注，可能最终导致得到的真的不够。如果你发现自己和宝宝的关系符合以上任意一种模式，那么就要有意识地去努力和孩子建立起牢固的亲子关系（可以抽出更多时间和宝宝安静地待在一起），而不是一味地等待这种联系自行建立。如果你的宝宝要求非常多，那么偶尔分开一下对你们双方都有利，你可以有时间给自己在情感上和身体上都充点电，这个时候，亲戚和朋友就能发挥照顾宝宝的重要作用了。

　　研究表明，如果妈妈怀孕期间长期压力较大，那么宝宝更容易变得要求很多。这是因为孕期母体内压力激素水平升高会影响腹中的宝宝，导致他一直处于高度警觉状态，出生后也趋向继续保持这种状态。还有一些研究表明，早产婴儿和难产婴儿会比较急躁易怒。宝宝对周围的情绪氛围也很敏感，紧张的气氛更容易导致他们哭泣，当然，这也跟性格有关。有多个孩子的父母通常会发现，每个宝宝的需求都有很大不同。

哭闹与分娩创伤

　　经历难产或滞产，以及借助胎头吸引器或产钳出生的宝宝通常会出现持续几天的头疼状况，从而哭闹不休。有些宝宝的头疼状况可能会持续几周。明显的瘀伤让宝宝躺也不是抱也不是，所以他们更喜欢直立着坐在婴儿背带上，这样就不会压到他们的头了。如果引起疼痛的原因不明，或者外部瘀伤消失后疼痛还在持续，可以请专业的颅骨整骨专家或者脊椎按摩师帮助解答这些问题。

如果我的女儿哭了，通常我一抱她，她就会安静下来，所以我以为这招对儿子们也会管用。如果他们同时哭闹，我会同时抱着他们两个，尽力安抚他们。我能看得出丹尼尔是想要我在身边，只要我在他身边，他就会很快睡着。但约书亚就非得让我把他放在弹力婴儿椅或者婴儿床上才会安静下来。我真是花了些时间才明白他是需要自己的空间。我简直不敢相信，我以为我的怀抱对谁都管用呢。他到现在也是这样，不像他哥哥那么喜欢被我抱着。

——妮基，克洛伊（5 岁）、丹尼尔和
约书亚（16 个月）的妈妈

无论宝宝们的一般需求水平是怎样的，大多数宝宝都会在某个阶段比其他时候更需要关注和安慰，尽管有时可能事后才能知道原因，当然如果真的有原因的话。比如，许多宝宝在成功到达一个新的成长节点之前的某段时间可能没有平时那么坚强，更容易感到挫败。这并不罕见，他可能这一周总是想被抱着，下一周就掌握了一项新技能，比如翻身或者伸手够玩具。这些片段通常被称为"成长冲刺"。这很难被完全理解，但了解这一现象，起码可以让我们知道为什么宝宝会突然有一段时间要求更多。

安抚宝宝的方式

无论你自认为多么了解宝宝的需求，也总有你无法安抚他、不明白他到底怎么了的时候。然而，你不必每次都要弄清楚原因所在来让他感觉好一些。集中注意力帮他平静下来，让他感觉到安全和被爱，或许也能解决问题，而不用一味地将注意力放在让他停止哭闹上。

尽管婴儿哭闹通常是由于感受到压力，但同时也可以成为他们面对复杂情绪或过度刺激时的彻底发泄。这也是为什么引起他们压力的因素解除之后，他们有时并不会立即停止哭泣。一旦他们感觉到安全了（通常是在某人怀中），就会慢慢放松、安静下来，因为刚才的哭闹已经将积压的压力释放出去了。

宝宝不开心的时候，有很多种方式可以安抚他们。不同的宝宝适用不同的方式，同一种方式今天对你的宝宝起作用，明天可能就得换一种。即使你不知道宝宝某些时候哭闹的真正原因，但许多方法既有助于缓解身体不适，也能让宝宝平复心情，值得一试。如果你的宝宝是母乳喂养，那最有效的安抚方法就是给他喂奶。这招通常情况下都管用，因为宝宝吃奶的过程中同时获得了吃的、喝的、温暖、安慰，还有你的关注。（人工喂养就不能完全照这种方式进行了，因为有喂得过量的危险，但是少喂一点儿可能还是有帮助的。）

抚摸是一种减少紧张和懊恼的超级有效的方法。许多父母本能地将抚摸、声音和动作结合起来哄宝宝，比如，亲密地抱着宝宝，有节奏地摇动着身体，嘴里还不停重复着轻柔的音调。你肯定会有一些独特的技巧来安抚你的宝宝，以下是一些经过检验、行之有效的安抚建议，希望能帮到你：

●喂奶——尤其是母乳喂养；

●让宝宝吮一会儿（干净）手指或者含一会儿安抚奶嘴；

●用双臂或者婴儿背带抱着宝宝来回走动、跳舞或者摆动身体，又或者像在摇篮里一样轻摇他；

●面对面地抱着他，怜爱地模仿他的手势和表情，并以一种安抚的口吻与他交流他的感受；

●肌肤接触式的拥抱，用一条毯子将两个人围起来保暖；

●竖着抱他，让他把头靠在你的肩膀上；

●让他横趴着，脸朝着外面，四肢搭在你的手臂上，你的手护住他的腰胯部位；

●让他趴在你的腿上，你可以不停地轻轻跷脚以产生重复性律动；

●来回摇动；

●有节奏地轻抚或轻拍宝宝，也可以轻柔地按摩；

●哼唱摇篮曲或者其他歌曲（带有稳定节拍的最好）；

●设置柔和的背景音或者白噪声（用以掩盖令人心烦的杂音），比如，低浅的说话声或者"嘘"声，录播的胎动声音，吸尘器及滚筒式烘干机的声音；

●和你一起享受温暖的沐浴；

●让宝宝坐在汽车、婴儿车或者婴儿背带里，带他到别处走走；

●换个地方——回家、去外面呼吸点儿新鲜空气、走进一间安静而昏暗的房间，或者只要远离令宝宝难以接受的刺激就可以了。

如果你能全神贯注地关注你的宝宝，那么就能较为轻松地应对他的哭闹。如果你的注意力在别处，那么就可能会错失他提供给你的线索，告诉你他怎么了，以及你这么做有没有对症下药。用分散注意力的方法对稍微大一些的孩子可能管用，比如，你可以用一个玩具或者其他有意思的东西来分散他的注意力，但对于非常小的婴儿或者哭得非常伤心的宝宝貌似不太管用。因为对于这样的宝宝来说，当时的刺激和感受已经超过负荷能力，无法承受，他需要些帮助来消化这些情绪，平静下来，然后才能将注意力放到其他事情上。

宝宝能够感受到你的情绪

宝宝出生后的前几个月还意识不到自己已经是独立于妈妈以外的一个个体（之后会模糊地感觉到这一点）。当妈妈抱着他对他说话的时候，他马上可以感受到她的情绪，同时自己也被这种情绪感染。所以，如果你觉得焦虑，宝宝可能也会变得焦虑。这让妈妈很难安抚不安的宝宝，因为，如果他哭得撕心裂肺，怎么哄也不管用，你会感觉自己的压力越来越大。

一些父母发现，当他们开始感觉到压力时把宝宝给其他人带一会儿（自己休息一下），这样可以让自己和宝宝都平静下来。还有一些父母会采取一些方法努力排解紧张和压力，比如深呼吸、听音乐、做瑜伽、泡个澡、出去跑跑步或者跟好朋友聊一聊等。单独和一个正在尖声哭闹的宝宝待在家里只会让事情变得更糟。让宝宝坐在婴儿背带或婴儿车里，带他们出去走走，很多宝宝就会平静下来，而承受过度压力的父母出去走走也能排解压力，他们只是需要暂时换个环境。

有时，当你专心安抚宝宝的时候，突然就明白了问题的原因所在；有时，引发宝宝哭闹的原因会自行消失，或者被你无意识地就解决了。无论

是哪种情况，你要做的就是抱着他、温柔地跟他说话，这对于帮他恢复心情、重新开心起来非常有效。

> 我们去参加宝宝小组的时候米莉总是特别开心。我觉得是因为我在那儿比较放松，会跟其他人聊天。我在家的时候总对着她一个人，不停担心她怎么了，为什么她的表现和书上说的不一样。我敢确定她能感觉到我的焦虑，这种情绪也感染了她，所以她的情绪才会那么不稳定。
>
> ——劳伦，米莉（8个月）的妈妈

宝宝偶尔哭闹（或经常哭闹）并不意味着你不是个好父母。对宝宝来说，哭闹本身不难克服，得不到回应的哭闹才真正难以平复。他需要的是你意识到他不开心了，并能及时做出回应，尽管你可能不会马上明白他需要什么。这样可以让他感觉被重视、被爱，有安全感，从而增加他对你的信任。

> 黛茜时不时会闹脾气，当她情绪非常不好、无法安定下来的时候，就会让我一直抱着她，这样的确很累。但是我发现，只要你顺着她，并表现得非常理解她的感受，无论她为什么哭闹，都会很快平静下来；但如果你跟她对着干，就要花更长时间才能让她停止哭闹。
>
> ——凯蒂，伊莉莎（6岁）和黛茜（9个月）的妈妈

　　随着宝宝不断长大，你跟宝宝相处的各项技能也会不断完善，包括跟宝宝说话、倾听他的需求、学习他的语言、学会如何及时回应他等。同时，宝宝自身的交流技能也在不断强化。让他主导你们的互动，能加深你们之间的相互理解，也会大大减少你们相处过程中的阻碍和冲突，还能让育儿这项工作更轻松且富有成效。

本 章 要 点

◆宝宝天生需要和其他人展开"对话",需要被倾听,会想办法表达他们的需求。

◆宝宝会通过肢体、表情和声音来进行交流。如果你想要跟自己的宝宝更好地交流,就要学会理解他的语言。

◆安抚奶嘴可能会给宝宝交流以及学习说话造成困难。

◆宝宝只需要你跟他说话,并不介意你跟他说的是什么。

◆不要等宝宝哭了才回应他的需求,了解他传达需求的微妙方式能让生活的方方面面都变得简单轻松。

◆所有宝宝都有不同的需求,你的宝宝的需求会不断变化,明天的需求跟今天的可能不同,以后的需求和现在的相比也会有变化。你应对得越灵活,就越容易适应。

◆宝宝哭闹在所难免,如何应对才是关键,即使这个问题可能无法解决。

◆宝宝很容易被强烈的情绪压得不知所措,这种情况下,他们更难表达自己到底需要什么。

◆安抚宝宝的方法有很多,但可能需要经过你的亲自试验才能发现哪些对你的宝宝起作用。

第**6**章
让宝宝主导进食过程

喂养是父母和宝宝之间关系的重要组成部分。在宝宝出生后的前几个月，这是父母和宝宝相互了解对方的一种特殊的亲密方式，也是一个双方拥抱、亲近和交流的机会。随着宝宝开始添加辅食，喂养这件事就会自然而然地变成全家参与的活动。给宝宝提供食物是父母的一个重要责任，但是，从一开始吃母乳到最终完全依靠固体食物，宝宝都知道自己想吃什么、什么时候该吃什么，以及如何吃（尽管最初需要一些练习）。让宝宝来引导你是建立一种轻松的、充满爱的、促进成长的喂养关系的有效法门。

自主进食是宝宝的本能

所有健康的宝宝一出生，就会想方设法让自己得到充足的营养，这也是他们的本能。比如，他们知道自己什么时候需要吃奶。他们对自己饥饿和口渴的感知非常灵敏，当他们意识到自己需要什么以后，就能传达出这种需求。要相信，他们知道自己需要吃多少量才够。宝宝的需求每天都有变化，就和你一样，但只要他是一个健康的宝宝（并且在出生后的前几天没有总是处于困倦状态），他就可以判断自己的食欲。

让宝宝主导进食就是要：

● 辨别出宝宝需要进食的信号；

● 允许他吃自己想吃的东西；

● 让他自己决定进食的速度；

● 让他自己决定吃到什么时候为止。

宝宝的求生本能非常强，正因为如此，在喂养方面他们才想要掌握主动权。宝宝主导进食的精髓就是，相信你的宝宝有能力判断自己什么时候需要吃奶以及要吃多少奶。

　　然而，吃奶并不一定是因为饥饿，也有可能是宝宝希望通过吃奶感觉到安慰和亲近。宝宝想要吃奶可能有多种原因，比如饥饿、口渴、受到惊吓、太冷、太热、感到孤单或者酝酿睡意等。如果你的宝宝接受的是母乳喂养，所有这些需求都能在他接触到妈妈乳房的那一刻得到满足，并且没有过度饮食的危险。因为，如果一个母乳喂养的宝宝每次想吃奶的要求都得到了满足，那么他就会调节自己的节奏，确保每次吃够自己所需的量即可。

　　人工喂养的宝宝也可以自主进食，但因为他无法以跟母乳喂养相同的方式来控制自己吃奶的量，所以作为父母，你就必须偶尔适时地转移他貌似想吃奶的注意力，这样才能避免按他的要求给他过多的配方奶，而他真正想要的可能是一个拥抱。

进食本该由宝宝主导

　　对于新生儿来说，妈妈的乳房能给他很强的安全感。一出生，他就会渴望吃母乳，尽管可能还不饿。他不需要有人来教他怎么吃母乳，也不需要任何人将妈妈的乳头放到他嘴里，只要妈妈的乳房在眼前，其他的都能靠他自身的本能来完成。宝宝第一次吃奶时让他以自己的节奏自由发挥，这能让以后的哺乳变得非常简单。并且因为母乳是"现成的"，随吃随有，就让宝宝主导进食更方便了。

目前，宝宝主导进食是最有效的母乳喂养方法，因为妈妈的母乳产量是根据宝宝对母乳的需求而定的。允许宝宝想吃奶的时候就吃，吃多快和吃多久都由他决定，这样你的泌乳量会达到宝宝需求的水平，并与他的成长变化保持一致。这也能帮你避免胀奶和乳腺炎的发生，而严格限制喂奶则经常会导致这些情况。

喂母乳的时候感觉像在给对方一个大大的、紧密的拥抱。有这么多机会拥抱对方，怎么可能不建立起牢固的亲子关系呢？我敢肯定这让我和宝宝之间相处的方方面面都变得更轻松了。

——米里亚姆，南森（6岁）和安娜贝拉（10个月）的妈妈

人工喂养也可以让宝宝做主导

吃母乳的宝宝天生会自己设定节奏，实际上，其他人几乎不可能促使他加快速度或者在他不想吃母乳的时候强迫他。另外，因为在每次吃奶快结束的时候，母乳的浓稠度会变化，乳汁的流速也会减慢，宝宝可以据此调节自己吃奶的量。

然而，人工喂养（喝配方奶或挤出来的母乳）的宝宝喝的奶的浓稠度和流速基本没有什么变化，所以他很容易过量喝奶。这也就是说，父母和宝宝需要一起来控制喂养这件事，父母要了解宝宝的进食节奏，对他传达出的吃饱了的信号要很敏感才行。允许宝宝在喝奶时按照自己的速度不紧不慢地进行，有助于父母和宝宝自己知道什么样的程度是吃饱了。如果你仔细观察宝宝，在他的吮吸逐渐减慢后，试着从他嘴里抽出乳头，你会很

快发现他会给出已经做好准备停止吮吸的信号。

许多人都认为喝配方奶的宝宝进食应该是有规律的，时间间隔会长一些，并认为宝宝每次喝奶的量应该是同样多的。但这种假设完全没有根据。人工喂养的宝宝如果被允许以自己的需求来决定每次吃多少奶，多长时间吃一次，经过一段时间的实践，你很快会发现宝宝自己的需求模式。当然，那并不是固定的，但的确可以给你提供些线索摸清楚他每天不同时段的胃口怎么样。

虽然人工喂养比较方便让更多人参与进来，但喂养是你和宝宝之间一种特殊的、亲密的交流方式。宝宝肯定希望更多地了解最亲近的人，所以尽量只由你和你的另一半来进行喂养，至少前几周的时候应该如此，这样有助于促进对他来说最重要的亲子关系发展。

宝宝需要喝水吗

母乳喂养的宝宝除了妈妈的乳汁外，不需要补充其他水分，因为宝宝吃奶的时候，母乳的浓稠度是会改变的。前奶水分含量较大，能够解渴，随后会逐渐浓稠，呈乳白色。这也就是说，宝宝可以根据自己的口渴和饥饿程度来判断是需要前奶多一点儿还是后奶多一点儿。尽管配方奶没有前奶、后奶之分，始终保持同一浓稠度，但也不需要给喝配方奶的宝宝添加额外的水饮，除非天气非常炎热，或者宝宝生病了。如果你的宝宝是配方奶喂养，在他频繁地要求喝奶时（可能间隔不到两小时），你或许可以尝试给他喝一些凉开水，如果他喝了并且安静下来，那他就是需要水了；如果他拒绝或者看似还需要其他东西，那应该是想再次吃奶了。

在我开始给克洛伊吃配方奶后，有一次带她去我婆婆家，当我婆婆抱着她给她喂奶的时候，我突然哭起来。那时我才意识到给她喂奶对我来说有多重要，我是她的妈妈，给她喂奶是我的工作、我的责任，我不想被任何人夺走。

——夏洛特，克洛伊（10个月）的妈妈

宝宝主导的母乳喂养实用技巧

母乳喂养总体来说需要妈妈和宝宝共同合作。前两周的时间对于顺利开始母乳喂养和避免以后的问题发生非常关键。在这段时间里，你的母乳产量经过刺激会大大增加，宝宝也会利用这段时间根据自己的直觉找到最合适的吸奶方式。他吃奶越频繁，你给他越多的自由和鼓励去探索如何更有效地吃奶，他就能越熟练地贴合妈妈的乳房，同时，你也能更容易掌握方便他吃奶的抱姿。早期频繁哺乳能让你分泌乳汁的能力达到最大，这为你和宝宝按照双方的意愿尽可能延长哺乳期提供了有利条件。这一阶段频繁的母乳喂养对你以后计划给宝宝补充配方奶也很重要，因为这能让你在宝宝饮食加入配方奶的阶段还能轻松地进行母乳喂养。

泌乳机制遵循按需生产的原则。也就是说，只要你的宝宝正常吃奶，他就能根据自己的需求调节你的母乳产量。然而，如果他没有掌握最好的吃奶方法，如果他在还没吃饱前就被打断，或者如果给他喂奶的间隔较长，那么你的乳房就会收到不再需要那么多母乳的信息，母乳产量就会随之下降。这就是我们说不要按固定的时间给宝宝喂奶，以及不要控制他们每次吃多长时间的原因。

以下是建立早期宝宝主导母乳喂养习惯并长期维持的关键所在。如果你以后遇到某些困难也可以参考这些建议来解决，特别是如果你想增加自己的母乳量的话。

●**争取让宝宝多吃母乳，无论白天还是夜晚。**至少在前两周要保持每24小时不少于8次的频率（或者更多，特别是如果他有时吃奶的时间不够长的话），两周后也要保持每24小时不少于6次的频率。如果出生后的前几天他总是很困倦，而你的乳房感觉很胀，那就需要叫醒他，鼓励他吃母乳。尽量避免给他使用安抚奶嘴，好让他能在想吃奶的时候更好地传达自己的需求。

●**确保宝宝有效吃奶。**宝宝需要以一种便于吸奶的姿势贴合妈妈的乳房。最初的几天过后，你应该会听见他在吃奶的时候有节奏地吞咽的声音，吃得起劲儿的时候吞咽会较为频繁，快吃饱的时候吞咽频率则会降低。另外，宝宝吃奶的时候不应该让你感到疼痛。

●**不要给宝宝添加母乳以外的其他吃食，**特别是在前几周。任何其他吃的东西（甚至是水）都会填饱他，从而减少他对母乳的需求，这样你的母乳量也会随之减少。最初几周最好避免用奶瓶喂母乳，因为奶嘴和乳头的吮吸方法是不同的，那样会干扰他吮吸母乳。

●**让宝宝自己决定什么时候吃奶以及吃多长时间。**如果他已经吃了一

会儿母乳，或许会开始减少吞咽，看起来昏昏欲睡，这通常是他吃到最浓稠部分的母乳（被称为"后奶"）时会有的表现，后奶含有多种营养成分，能增加饱腹感和宝宝体重。宝宝会在完全满足后自己离开妈妈的乳房。

• **尽可能多地跟宝宝肌肤接触。**这样宝宝才能有更多机会亲近你的乳房，并能轻松地随时吃母乳。跟宝宝肌肤接触也会提升体内控制母乳产量的激素水平。

宝宝主导母乳喂养小贴士

"FEEDS"这个缩略词能帮我们很好地记住宝宝主导母乳喂养的要素：

• 多次（Frequent）——喂奶间隔不要太长，无论是白天还是夜里；

• 有效（Effective）——不造成任何疼痛感，让宝宝平稳、有节奏地吞咽；

• 排他（Exclusive）——只喂母乳，无其他添加和补充；

• 按需（On Demand）——随时（或尽快，如果你感觉乳房发胀）满足他的吃奶需求，以及吃奶时长需求；

• 条件允许的情况下多进行肌肤接触（Skin to skin），尤其是在最初的几周。

让宝宝舒服地吃奶

母乳喂养有多种姿势可供选择，但无论哪种方式，都有一些共同的要点需要注意。为了便于宝宝正确吸奶，应该保持一个方便他的头轻松后仰的姿势，从而保证他的嘴能够张开，舌头紧紧裹住乳头和乳晕，用力挤压来吸奶。如果你把他抱得很近，会比较利于他做到这些。枕头可能会碍事，所以在决定用枕头之前，最好先看看他需不需要其他东西来支撑。还有一点，检查一下自己的衣服是不是方便喂奶。

为了能紧密地贴合乳房，含住乳头和乳晕，你的宝宝需要：

- 身体部位尽可能多地与你的身体接触（胸腹贴着你，臀部尽量靠近你）；
- 头和身体处于一条直线上（膝盖和鼻子朝着同一个方向）；
- 身体被支撑着（脖子、肩膀和臀部都被托着）；
- 头部能够自由活动，以确保他能够轻松地向后仰头；
- 手臂能够自由活动，以辅助吸奶；
- 鼻子与你的乳头处于一条直线上。

你需要瞅准时机，看他张大嘴巴的时候，迅速让他贴合你的乳房。除非你采用的是仰卧姿势，让宝宝趴在你的身上，这种姿势宝宝不用任何帮助就能很好地贴合你的乳房。注意你的手一定要托住他的颈部和肩膀，但不要碰到他的头部，因为那样会让他分心，也会影响他向后仰头（也就是别让你的手碰到他耳朵以上的部位就可以了）。他的下颌和下唇应该最先接触你的乳房，这样才不会被堵住鼻子。在最初的几周，他或许会来回扭动头部，用手找到乳头，尝试找出合适的贴合角度。一旦他找到合适的角度并开始吮吸，你可以在手臂下方或后背垫一个靠垫或者卷起的衣服让自己舒服一些。让他在一侧乳房想吃多久就吃多久，然后再换到另一侧乳

房，让他自己决定是否还要再吃。

母乳喂养不该出现疼痛

如果你在哺乳时感觉疼痛，或者乳头出现皲裂，要赶快对症下药。疼痛通常是由于宝宝没有正确贴合你的乳房造成的，越快帮助他调整角度，就能越快解决问题。也许因为你的乳房很胀（胀奶），他很难完全贴合。这种情况常见于宝宝出生1周左右，尤其是在哺乳次数较少的情况下。但是，以后如果出现两次哺乳的间隔时间比平时长，这种情况还是会存在。人工挤出一些母乳能让你的乳房变得柔软一些，也更易于宝宝吸奶。

如果你在哺乳的时候感觉到任何不适，要尽快向母乳喂养咨询师、其他哺乳期女性、哺乳顾问（付费咨询）、助产士或者卫生访视员寻求帮助。

在外哺乳

第一次在公众场所哺乳，要克服很大的心理障碍。有些女性觉得与同在哺乳期或有过哺乳经历的朋友一起出去会比较有帮助。你也可以去妈妈们聚集的场所，比如公园和咖啡厅，或者标有"内设母婴室"标识的场所，这能让你更有自信在其他人面前哺乳。

如果你担心会过多暴露肌肤的话，可以买一件专门设计的哺乳上衣，或者里面穿一件低胸弹力背心，外面套一件宽松上衣，哺乳时，把外面的衣服撩起，里面的背心拉下来就可以了，不会露出腹部。许多女性发现一个好办法，出门之前可以在家对着镜子试验怎么穿方便哺乳，又裸露最少。也可以在家练习在黑暗中哺乳（或者闭上眼睛），因为这样你就可以不用去看自己在干什么。以后出门的时候，你可以把宝宝裹进 T 恤或者宽松的套头外衣里哺乳。除此之外，你还可以等宝宝吃奶进入状态后，在他身上盖一块薄薄的棉布或者披肩，或者用你的开衫把两个人围起来。如果请别人指导一下，自己多加练习，或许你还可以锻炼宝宝在婴儿背带里吃奶。

安娜大部分时间都待在婴儿背带里，无论什么时候她想吃奶，我只需要把 T 恤撩起来，她就可以自己吃，而且别人什么也看不到。如果你还有其他孩子要照顾，那这种方法真的很棒，因为你不用放下所有的事情来专门给宝宝哺乳。

——莎拉，尤恩（3 岁）和安娜（3 个月）的妈妈

宝宝主导的人工喂养实用技巧

对于采取人工喂养方法并想让宝宝来主导喂养过程的父母来说有两大挑战，其一是要在宝宝开始变得焦躁前把奶冲好，其二是要算好该准备

多少奶。（喂奶的时候让宝宝自己主导会轻松得多。）因为配方奶不是无菌的，所以每次现冲现喝比较安全。除非你选择价格更贵的即食液态配方奶，不然你至少需要 10 分钟来冲奶。也就是说你要对宝宝最早给出的喝奶提示非常敏感，才能在他变得焦躁前把奶准备好。尽量让他待在你身边，这样才更容易发觉他可能要喝奶了。

哪种奶嘴最好

对宝宝来说，其实没有"最好"的奶嘴，因为没有任何奶嘴的触感和功能跟妈妈的乳头一样。据说有些奶嘴能让宝宝吸奶的时候更用力，还宣称是为了模仿母乳喂养，但是母乳喂养并不比人工喂养费劲儿，只是两种喂养方式不同罢了（实际上，吸食母乳反而不需要多费力）。奶嘴的好处在于宝宝可以掌控挤出的母乳或配方奶的流速，不会因为出奶太慢而受挫，也不会因为出奶太快而不得不狼吞虎咽。至于奶瓶的选择，就是多用几种，最后看看你和你的宝宝更喜欢哪一种（以及哪种更容易清洗）就可以了。

配方奶粉包装袋或者奶粉罐上标注的建议食用量只是一个参考，不用严格照此操作，更需要关注的是宝宝每 24 小时周期内配方奶的总体摄入量。许多宝宝（尤其是母乳喂养的宝宝，或者采用母乳和人工两种方式结合喂养的宝宝）更偏爱类似母乳喂养的模式，即少量多次。

按理来说她应该每天喝 6 瓶奶，但我总是按照她的需求，什么时候想喝我就什么时候给她冲，所以她可能今天喝得多一点儿，明天少一点儿。她每次都喝得不多，我从来没有强迫她把整瓶奶喝完。这也就意味着，如果我要带她出门一整天的话，我要随身带着很多冲奶和喂奶工具。

——维姬，贝拉（5个月）的妈妈

如何冲调配方奶

因为配方奶粉不是无菌的，所以冲调时一定要用非常烫的、刚开过不久的沸水（高于70℃），以保证消灭奶粉中滋生的细菌。以下是目前较为推荐的冲调步骤：

●将水壶里的水清空后，接至少1升未经加热的自来水（瓶装水或矿泉水不适用），加热至沸腾，在30分钟内使用。

●确保所有用具使用前经过清洗和消毒，并将手清洗干净。

●阅读奶粉包装上的说明，将适量的水倒入已经消毒的奶瓶。（你可以通过煮沸、使用冷水杀菌剂或微波消毒器来进行消毒。）

●加入适量奶粉，根据说明，以填满且平匀状态为佳。

●拧紧奶嘴、盖上瓶盖，充分摇匀奶液。

●握住瓶身在自来水下冲一冲，直至冷却到适合宝宝饮用的温度（滴一点在手腕内侧试试温度），然后立即饮用。

如果你不得不提前冲调好配方奶（比如，稍后只能由临时保姆来照看宝宝），那就根据以上步骤操作完成后，待奶冷却，置于冰箱深处冷藏，冷藏时间不要超过24小时。

一些父母在冲调配方奶粉时会先少冲一些，如果宝宝觉得不够再冲一些。这样就会不可避免地偶尔剩奶，没喝完的奶一定要记得倒掉（保留剩奶会滋生细菌），但随着你越来越了解宝宝的饮食习惯，剩奶的情况会逐渐减少。

人工喂养实用技巧

与母乳喂养一样，人工喂养也不仅仅是让婴儿吃饱就可以了。有很多方式可以让他在吃配方奶的时候也感觉到舒适、安全和从容，这样才能让他放松地吃奶。以下是一些小技巧，应该可以帮助他获得较好的吃奶感受。（注：如果因为某些原因，比如宝宝吸奶能力较弱，专业人员建议你采取某种特定的喂奶方式，那么以下建议并不完全适用。）

● 抱紧他，尽量竖着身体抱，以舒服的姿势让他的头部得到支撑，最好能有温暖的肌肤接触。

● 喂奶的时候看着他，跟他说话。宝宝出生后的最初几周会慢慢学会更好地集中注意力，在你怀里的时候能够以最佳的角度和距离看清你。

● 用奶嘴碰触他的鼻子及上唇，等到他自己张开嘴巴再把奶嘴送进去。如果给他充足的时间，他甚至可以自己用舌头去裹住奶嘴，而不是被人把奶嘴塞进嘴里，这对于他在进食中起主导作用非常重要；同时还能帮你避免在宝宝不想吃奶的时候强迫他。鼓励宝宝以这种方式掌控自己的进食过程对于同时采取母乳喂养和人工喂养的宝宝来说尤其重要，因为这样能让宝宝在奶嘴上锻炼一项和他含住妈妈乳头相似的技巧（尽管这样，如果可以的话，还是不要在宝宝正在练习吃母乳技能的同时进行人工喂养）。

●除非奶瓶经过特殊设计，能够防止空气通过奶嘴进入瓶体，不然就要注意将奶瓶倾斜抬起一定的角度，让瓶体里的奶充满奶嘴（这样宝宝吸进的才是奶而不是奶和空气的混合物），但不要太过倾斜，以防奶汁流得过急，导致宝宝呛奶。正常情况下，宝宝停止吮吸，奶流就会停止，如果没有停止，试着让奶瓶倾斜角度小一些，或者换一个流量小的奶嘴。

●吃奶过程中，偶尔让他短暂停顿。这样既可以让他稍作休息，也能让他有机会决定是否还要继续吃。在他吮吸过后嘴部放松的时候抽出奶嘴能让他得到彻底的休息，如果有嗝的话让他打嗝。另外，因为宝宝吃奶的时候一般都会看着你，所以可以在停顿的时候换另一边胳膊抱他，这样能帮他均衡发展视野，也能保证他尚且柔软的头骨受压均匀。

●不要强迫他全部喝完，或者通过抖动他嘴里的奶嘴等方式让他超量进食。尊重他传达的吃饱了的信号，这样能够避免他吃得过饱，也能让他知道你收到了他传达的信号。

如何判断宝宝需要进食

宝宝主导进食的前提是父母能够明白宝宝向他们传达的进食需求。他会通过一系列提示告诉你他饿了。但最早的提示非常细微，很容易错过，

他可能会在睡觉的时候发出细微的声音，或者有眼睑颤动等不易察觉的表现。让他无论白天还是夜里都待在你身边，这样能帮助你熟悉他惯用的信号，从而尽快回应他的需求。

> 如果珀尔饿了的时候是我丈夫在抱着她，她就会像啄木鸟一样，头对着爸爸的胸部一点一点的。如果他不赶紧把珀尔给我，珀尔就会非常生气，因为爸爸没有奶可以喂她！
>
> ——雅尼内，珀尔（3个月）的妈妈

如果你的宝宝没有得到及时的回应，会变得越来越焦躁，最后就会开始哭闹。在之前的章节我们已经讲过，哭闹并不是宝宝用来向你传达需求的首选方式，一旦他开始哭闹，就说明在这之前他给你提供的所有信号都被忽视了。哭闹已经成了一种引起你警觉的方式，这也就是为什么等宝宝开始哭闹才给他进食会让喂养过程对于你们双方来说更困难。

宝宝怎样告诉你他需要进食

在宝宝出生后的最初几周，可能会通过以下任意一种（或全部）提示让你知道他需要进食：

- 眼睛来回转动，睫毛颤抖；
- 扭动头部，伸展脖子；
- 做出扭动和摆手的动作；
- 重复握拳又松开；

- 嘴巴不停张合；

- 来回点头；

- 手来回揉捏；

- 发出吮吸的声音或者咂自己的嘴唇；

- 低声咕哝、呜咽，或者小声喊叫；

- 吮吸自己的小手或毯子，又或者是你的衣服。

稍大一些的宝宝会慢慢形成自己专用的信号，比如用头在父母的胸前来回磨蹭，或者绷直身体，等等。你会对自己竟然如此快就学会解读他的信号而惊讶，同时也会惊讶为什么周围其他人都搞不懂宝宝在表达什么。

哭闹不光让喂养宝宝变得有压力，也会让这一过程变得更困难。母乳喂养的宝宝要保持平静才能更好地贴合妈妈的乳房、正确地吸奶，而人工喂养的宝宝如果一直在哭闹，喝奶的时候就容易吸进空气，可能导致胀气。宝宝哭闹的时候会吸进空气，也就意味着在开始吃奶之前，他就已经腹胀了。总之，尽快满足宝宝的进食需求可以让喂养过程更顺利，也能避免宝宝产生不必要的不适。

可以在宝宝要求之前喂奶

不必总是等到宝宝要求吃奶才喂他。比如，你要出门，可以尝试出去前喂他吃奶，他应该会欣然答应。或者你只是想有个借口坐下来休息一会儿的话，如果是母乳喂养，就用你的乳头蹭一蹭他的鼻子，也可以挤出几

滴乳汁，这对宝宝来说已经足够有诱惑力了；如果是人工喂养，配方奶的味道和奶嘴的触感也能达到类似的诱惑效果。

有时你会感觉乳房涨得难受，想让宝宝吸奶来缓解。在这种情况下，宝宝吸奶能有效帮你避免发生乳房肿胀和乳腺炎的可能。即使宝宝睡意正浓，通常也会乐意吃得饱一些，这样会睡得更香。

如果宝宝出生后的前几天总是处在困倦中，特别是如果他患有黄疸，或者早产、健康状况不是很好的话，那么最好不要等到他要求吃奶再去喂他。少量多次喂奶（前两周至少每天 8 次，两周后至少每天 6 次）能够保证宝宝得到充足的食物和营养，也能刺激乳房分泌更多乳汁。

发现宝宝的进食规律

宝宝想要喝奶的时间似乎总是不固定而且无法预测，跟白天还是夜晚没有什么关系，至少出生后的前几周是这样的。这很正常，一段时间之后你可能就会发现他大致的进食规律，比如，他在什么时间会最需要吃奶，哪一次吃奶时间持续最长，等等。然而，宝宝的这种进食规律不一定是你期待的，并且这种规律会随着宝宝不断成长发育而产生变化。而且，他在出牙期、感觉不舒服、由于某些原因烦躁不安的时候，或者正在经历度假、搬家以及来自家庭的一些压力的时候，都会比平时更想吃奶或者想被抱在怀里，以寻求安慰。

> 贝尔长牙的时候，整夜都要吃奶。非常明显，她疼的时候就
> 要吃奶，一旦疼痛停止，她就能多睡会儿。
>
> ——苏珊娜，贝尔（3岁）的妈妈

宝宝通常不会选择每天按照固定的时间间隔进食，尽管父母都希望如果能够这样就好了。母乳喂养的宝宝通常每天会多次短时间地吃奶，或者密集吃奶，尤其是在晚上。按照这种规律哺乳很有挑战性，但你真的这样去做之后会发现，每一次密集哺乳过后，宝宝通常能比平时睡的时间更长一些。此外，违背宝宝自然的进食规律会让他很难保持平静。如果你手头有很多其他事情要做，比如准备晚餐或者哄其他孩子睡觉，那么婴儿背带哺乳这种不需要用手辅助的母乳喂养方式就成为最佳选择。

> 罗宾31周的时候就出生了，我把他带回家后，总是用包裹
> 式背带抱着他或者将他抱在怀里走来走去，他那时候太小了。大
> 约到了他原本的预产期的时候，他开始白天每一个半小时吃一次
> 奶，傍晚断断续续吃奶大概要持续4个小时，夜间每隔几小时吃
> 一次。我就这样根据他的需求喂奶，到了傍晚，我会在喂奶的同
> 时放松一下，享受地看一部电影。我们能看出来罗宾知道自己需
> 要什么，他爸爸经常看着他说："他知道自己该干什么！"很快
> 他的个头就超过了那些足月出生的宝宝！
>
> ——汉娜，罗宾（12个月）的妈妈

为什么制订喂养计划行不通

　　劝服宝宝按照特定计划进食，就意味着父母需要花大量时间安抚宝宝（或者忽视他的哭闹），即使他已经饿了，也要让他等到"规定"的时间再吃奶，这会让照顾他变得更难。喂养计划也会影响他母乳或配方奶的摄入量：如果是母乳喂养，那么严格按照计划进行会严重影响妈妈的母乳量；如果是人工喂养，让宝宝每次都喝等量的奶会干扰他控制自己食欲的能力。其实，如果你允许的话，宝宝会显现出自己的自然进食规律。

夜间喂养

　　所有宝宝夜间都需要进食。刚出生后的几周，他们一般在晚上 7 点到凌晨 3 点之间的吃奶次数要比白天多。有些宝宝直到 1 岁左右还会需要在夜间吃一两次奶（或者更多）。长时间睡而不醒并不是自然成长阶段的正常表现，也几乎没有宝宝能做到。

　　许多父母发现，让宝宝睡在身边不仅能让夜间喂养变得简单，还能保证全家都有尽可能多的睡眠时间。睡在宝宝身边就意味着一旦宝宝有动静，你能够以最快速度做出反应，从而大大减少不得不醒着的时间。如果你是母乳喂养，（条件允许且保证安全的前提下）可以让宝宝在你的床上睡觉，这样便于你感觉到他的动静，也能让你的睡眠周期跟宝宝的睡眠周期保持同步。这样的话，你和宝宝都不需要在完全清醒的状态下授乳和吃母乳了，结束后也能很方便地躺下继续睡觉。

以下这些建议或许可以帮你更轻松地应对夜间喂养：

● 结束一次喂奶之后抓紧时间睡觉，这样你能在下一次喂奶前得到较好的休息。（如果你是母乳喂养的话，还有一种方法，就是在你准备睡觉的时候，给宝宝加喂一次，即使当时宝宝可能已经睡了。）

● 保持卧室安静且光线昏暗。在房间里使用你能找到的最暗的灯光，如果要说话就悄悄地说。这不仅能帮助宝宝慢慢地醒来，进食结束后能很快再次入睡，也能避免让他将黑暗和饥饿、孤单联系在一起，把光亮和食物、安慰联系在一起。

● 除非宝宝的尿布已经非常湿，或者他拉了大便，又或者他患了尿布皮疹，不然尽量不要在夜间给他换尿布。

● 白天宝宝吃奶的时候，你要尽量保持放松。

● 趁着宝宝白天睡着的时候，你也应该小睡一会儿。

夜间母乳喂养

这里还有一些针对母乳喂养的建议，或许能够让夜间母乳喂养变得轻松一些，既能让你多休息，同时还能满足宝宝的正常吃奶需求：

●穿着容易喂奶的睡袍、睡衣上衣或者胸罩，又或者上半身不穿衣服睡觉。（如果你会发生漏奶情况，可以在身下垫一条厚厚的毛巾，以免弄湿床褥。）

●床边放置一杯水，万一口渴的话不用起床去喝水。

●宝宝一开始有动静立即给他喂奶，这样他就不用完全清醒过来。

●练习卧式哺乳，这样喂奶的同时可以休息，喂奶结束后可以很快再次入睡。（如果你觉得自己喂奶过程中可能会睡着，一定不要在沙发或者扶手椅上进行母乳喂养，因为你不小心睡着后可能会压着宝宝或让他出现窒息，在床上喂养会比较安全。）

●尝试白天闭着眼睛喂奶，这样就会习惯晚上关着灯进行，开着灯的话会让你和宝宝在母乳喂养过后不太容易再次入睡。

夜间突换人工喂养事与愿违

许多人都觉得夜里给宝宝人工喂养比母乳喂养要轻松，其实不见得。夜间人工喂养（即使喂的是挤出来的母乳）会更多地扰乱夜间休息，因为无论是谁来喂奶，都必须在完全清醒的状态下准备奶和安全喂奶。而母乳喂养会刺激体内激素分泌，让妈妈和宝宝都感到困意，一旦他们习惯了躺着哺乳和吸乳，许多妈妈发现自己可以在睡觉的同时做这项工作（通常早晨醒来都不知道夜间宝宝自己吸了多少次奶）。给一直母乳喂养的宝宝夜间进行人工喂养会影响其母乳喂养过程，也会使白天出现一些问题：母乳喂养间隔时间过长很容易导致胀奶和母乳量减少；如果宝宝处于学习吃母乳阶段，那么吸奶嘴会让他更难学会如何正确含住妈妈的乳头和乳晕，从而让母乳喂养变得更难。

宝宝主导育儿法
Baby-led Parenting

夜间人工喂养

夜间人工喂养需要提前做些计划准备工作。冲调配方奶会需要些时间，除非你用现挤出来的母乳（正常室温下能安全存放6小时）或即食液态配方奶喂养宝宝。以下是一些建议，或许会让夜间人工喂养更快、更轻松：

● 睡前取出定量配方奶粉，装入干净有盖的容器中。

● 准备一只装有现接的、未经加热的自来水的水壶，最好需要时能在卧室直接进行加热（在保证安全的前提下）。

● 准备好一碗冷水，或者准备一些冰块放在冰袋里，用来冷却奶瓶。

● 冲调时，先加入一半量的沸水来冲泡配方奶粉，然后再加入等量的事先存放在无菌瓶中的凉开水。（加入凉开水前，一定要确保所有奶粉已经开水冲泡，这样才能保证高温杀死滋生的细菌。）

● 如果你不用走出卧室去冲调配方奶，在宝宝等候的时候可以将他放在你的床上，床上的温暖和你的熟悉气味可以安抚他。

宝宝主导的辅食添加——尝试固体食物

断奶的过程始于宝宝初尝辅食的味道，完成于他最后一次吃母乳或配

方奶。这个过渡期需要至少 6 个月的时间，对母乳喂养的宝宝来说，可能会延长至几年。和学习爬行、走路、说话一样，学习吃固体食物是一个健康宝宝自然成长的其中一步，如果你允许宝宝自己主导，那么这一过程就会在适合的时间以适合的速度自然发生和进行。

宝宝 6 个月以前都不需要添加任何母乳（或配方奶）以外的辅食，但是全家一起吃饭也是一种交流活动，没必要因为宝宝还没到达可以吃饭的年龄就将他排除在外。无论是将他抱在怀里还是等他大一点儿可以坐在你的腿上，都要让他加入你们的家庭吃饭活动，这样他才能有机会观察大家是怎么吃饭的，并感觉自己是其中一员，从而能够刺激他开始尝试固体食物，等到他觉得可以的时候，就会真正地开始吃固体食物。

宝宝四五个月大的时候就会对你从盘子里拿起食物送到嘴里的动作非常感兴趣，并在你吃东西的时候专注地看着。这并不一定意味着他饿了，他可能只是好奇而已，就像他看到你在刷牙，他也会想刷牙；看到你在打电话，他也会想这么做一样。当他准备好做更进一步的尝试，就会开始伸手去抓你盘子里或桌子上的食物。通过喔、咬和观察，他会开始知道不同食物的感觉、味道和外观。这是宝宝从奶食逐渐过渡到跟家人一起吃饭的开端。

如何实现宝宝主导的辅食添加

宝宝 6 个月左右的时候，他们的免疫系统和消化系统就发育得足够成熟了，可以接受母乳或配方奶以外的食物了。同一时期，除乳食所含的营养元素以外，他们也开始需要摄入少许微量元素，比如铁和锌。宝宝的颌骨和嘴部肌肉也在不断发育，并逐渐掌握坐立能力，开始可以拿起食物准确地送进嘴里。所有这些都意味着，大多数宝宝6个月大（或者稍晚一些）就已经可以开始逐渐添加辅食了。宝宝主导的辅食添加（BLW）的方法就是认可宝宝自身能力和技能的发展，并尊重宝宝使用这些能力和技能来帮助自己学习断奶和添加辅食。

宝宝主导的辅食添加与传统的父母主导的断奶方法非常不同，后者通常是由父母决定什么时候开始断奶，并将要添加的辅食做成糊状或泥状，用汤匙喂宝宝。而宝宝主导的辅食添加是这样的：

● 和家人一起吃饭，以便宝宝观察大家如何吃饭，并能在做好准备以后也开始进食。

● 不需要有人喂宝宝，如果他感兴趣并能做到的话，就可以开始拿住、观察、把玩和吃"真正"的食物。最开始宝宝可以用自己的手指，慢慢他就会开始学习使用餐具。

● 宝宝自己决定吃什么、吃多少以及吃的速度。不给宝宝规定他能吃多少食物或者只能吃某些特定食物的压力，而是让他按照自己的节奏去发现一些自己能吃的健康食物。

● 宝宝自己决定添加辅食的速度。一旦他的各项技能发育成熟，就会自然而然地开始尝试新的质地和味道的食物。

● 像以前一样继续为宝宝提供奶食，只要他需要。他自己做好准备吃辅食后自然会减少对奶食的需求。

对于一个开始探索周围世界的宝宝来说，尝试新的食物和玩一个新的

玩具是一样的，他并不仅仅把这作为缓解饥饿的方式。慢慢地，他会知道如何含住或者咬下一点食物，并在口中玩味，但因为咀嚼和吞咽的技能要发育得稍晚一些，所以吃进嘴中的食物很可能会被吐出来。一旦宝宝以这种方式开始断奶，就要持续一段时间了，大多数宝宝直到6～8个月（或者更大）的时候，才能真正地开始吃辅食，并且，宝宝这时吃的任何辅食都只能作为奶食的补充，而不可能替代奶食。

> 我从来不会强迫阿尔尼吃他不想吃的东西。如果在吃晚饭的时候他想喝酸奶，那又怎么样呢？喝完酸奶，他就会继续吃晚饭了。但如果我们和家人一起吃饭的时候出现这种情况，大家则会纷纷侧目，即使他对食物有着非常健康的态度，不怎么挑食，并且似乎知道该吃多少。
>
> ——罗克珊娜，阿尔尼（10个月）的妈妈

宝宝主导的辅食添加是宝宝母乳喂养或人工喂养的自然延续，它适合宝宝的成长发育并遵循宝宝本能的驱使。它允许宝宝以适合自己的节奏逐渐断奶，并继续控制自己对奶食和辅食的食欲。所有这些因素会让进食成为一件享受的事情，而几乎不会发生现在常见的父母和宝宝间的喂食"战争"。宝宝主导的辅食添加对其长期的健康成长也有着积极的作用。研究表明，这种断奶和添加辅食的方式能有效减少日后肥胖的风险。许多父母认为，这样自主添加辅食有助于提高宝宝的灵活性。咀嚼小块的食物要比吃捣成泥糊状的食物更有助于宝宝颌骨的发育。

母乳喂养的孩子很容易开始自主添加辅食。我经常想：原始人肯定不会把食物捣碎成泥糊状给孩子吃，他们也都成长得很健康。所以我们给弗洛伦斯提供的是一个宽松的环境，她需要什么就拿什么，包括食物。

——丹妮尔，弗洛伦斯（11个月）的妈妈

宝宝主导的辅食添加——实际操作

随着宝宝对食物的兴趣逐渐浓厚，他应该会喜欢坐在高一点的宝宝椅上，但如果他不喜欢，也不要强迫他坐，因为开始的时候，许多宝宝还是坐在大人的腿上感觉更自信。一旦他开始接触食物，可以试试下面这些小建议，帮助他更顺利地添加辅食：

- 让宝宝和家人一起用餐，确保桌上的食物营养丰富，尽量避免饭菜中有欠熟的鸡蛋和蜂蜜，尽可能不加盐、糖和食物添加剂。
- 选择宝宝不困不饿的时间进行添加辅食练习，这样宝宝能在放松的状态下，专注于这项新的活动。
- 准备好应对脏乱和狼藉。在地板上铺一大块干净的布或者塑料膜，这样掉下来的食物还能再捡回来接着给宝宝吃。开始的时候宝宝可能会把整个吃饭的区域弄得一片狼藉，但只要这样练习一段时间，他很快就能够非常熟练地自主添加辅食了。
- 把食物切成小块，方便宝宝用手抓。大概切成成年人手指大小就可以，他拿的时候，正好会有一截露在他的小拳头外面，方便他放进嘴里

（因为宝宝还不会张开手掌把食物放进嘴里）。可以先让他尝试块状的蔬菜和水果，以及条状的肉和烤面包等。蔬菜要煮得软硬适中，既能拿在手里，又可供宝宝咀嚼。

●每次只给宝宝少量食物，最好是从你的盘子里拿的（这样他就知道这个东西安全可以吃）。你可以直接放到他手里，也可以放到桌面上或者他面前的宝宝椅托盘上。让他尽情地把玩食物，想玩多久都可以，这是学习和享受的重要过程。

●如果他已经可以认识和品尝一些食物，那么可以慢慢加入一些不同形态和质地的食物，如米饭、肉末，以及其他黏软、松脆或者溜滑的食物。争取味道丰富一些，没必要太清淡无味。

●尽可能让进餐时间令人享受且没有压力。不要催促宝宝快吃，也不要强迫他吃。

●只要宝宝需要，就继续给他提供奶食。在很长一段时间内，母乳和配方奶都将是给宝宝提供营养的主要来源。

我是个很喜欢整洁的人，记得当我看到其他父母让宝宝自己吃辅食的场景，我在想："天哪！太糟糕了！食物弄得到处都是！"但轮到我的宝宝开始需要添加辅食的时候，我发现我没法用汤匙一口口喂他，因为那样感觉很不自然。而且捣碎食物实在很费劲。所以我们也开始了更健康的吃饭方式，艾伯特坐在我的腿上，跟我们一起吃。那样感觉特别自然，也很轻松，而且这跟随时想吃就吃的母乳喂养相比是很大的进步。

——拉奎尔，艾伯特（8个月）的妈妈

如果想让宝宝主导辅食添加的话，一定要尊重他自己的节奏，相信他知道想吃什么以及该吃多少。吃辅食的时候，继续让他根据自己的食欲进行，这能帮助他建立健康的饮食态度。如果他感兴趣，可以让他试着用小的开口杯喝水，像小玻璃杯、边沿平滑的药杯，大小都比较合适。但是，如果是母乳喂养的宝宝，他可能会需要多几个月的时间来适应，目前阶段他依然偏爱依靠吃奶来解渴，对于这一点不要感到惊讶，这很正常。

添加辅食安全提示

下面的安全提示能帮你确保宝宝安全进食：

- 确认宝宝尝试进食的时候坐姿端正，不要后仰或者弯着腰坐。
- 不要让其他任何人将食物放进宝宝的嘴里。（谨防"乐于帮忙"的哥哥姐姐们！）这样才能确保他不会吃进自己还没有能力接受或消化的东西。
- 不要给宝宝又小又硬的食物。将诸如葡萄、橄榄这样的圆形食物切半，去核去籽。不要给宝宝吃坚果，无论是整个还是切开的。
- 千万不能留宝宝一个人单独进食。

有些宝宝第一次吃辅食可能会出现哽住的现象，但这跟令人窒息的噎住不同，只是会让宝宝干呕。看起来可能很吓人，但没必要担心宝宝的安全。（用汤匙喂宝宝吃饭也有可能发生这种情况。）宝宝的咽反射非常敏感，而且触发点要比稍大的孩子及成年人更靠近舌头前部，这可能是一种安全机制，为了防止食物未经充分咀嚼就被吞咽下去。有时一小块食物可

能只是刚刚越过宝宝的咽反射触发点，他就会通过咳嗽把食物推出来。有时咳嗽甚至会把眼泪咳出来，但只要宝宝不是后仰姿势，他就能够轻松应对这种反应。

> 克里斯的妈妈完全不能相信我们让孩子自己吃饭。如果孩子饿了，乖乖吃很多饭，她可以接受；但如果孩子只是在玩弄食物，她就接受不了。她以前用汤匙喂她的孩子吃饭，精确地知道他们吃多少就够了。我的家人们也不能理解我们怎么会允许孩子用手抓食物，他们不停地说："你看看，弄得多乱！他们根本不是在吃东西！"但我们完全可以理解宝宝，我们知道他们明白自己需要什么，而且正在做他们需要做的事。
>
> ——莉莉，尤恩（6岁）和德克斯特（2岁）的妈妈

用汤匙喂宝宝好吗

大多数情况下，没有必要用汤匙喂宝宝进食，这可能只是之前传统习惯的延续，因为宝宝三四个月（甚至更早）的时候，有些父母觉得宝宝应该需要添加辅食了，那个时候宝宝根本没有自己进食的能力，所以只能用汤匙喂。然而，尽管大多数6个月及以上的宝宝都能胜任自主添加辅食，但仍有一些宝宝在自己吃东西的时候还需要帮助。如果患有残疾或发育迟缓，宝宝可能无法自己手抓或者咀嚼食物，还需要吃一段时间的糊状食物，并锻炼所需技能，才能达到完全依靠自己进食。还有一种相似的情况就是，如果宝宝早产，或者患有某种疾病，在能独立进食以前会需要更多

的营养让自己发育成熟和健康起来。对于这些宝宝来说，在能独立进食之前或不能完全独立进食时，还需要用汤匙喂食一段时间，给他们提供所需营养，以便他们更好地过渡到和家人一起吃饭。

但有些时候，即使宝宝完全健康，没有任何问题，父母还是会希望用汤匙喂他们，比如在吃黏稠的食物时。有些宝宝喜欢直接将手指插进酸奶或汤里，然后吮吸手指，但还有一些宝宝（和父母）更喜欢借助工具来吃。如果你不介意脏乱，可以给宝宝一把汤匙或者其他能吃的东西，比如面包棒、胡萝卜或芹菜茎，用这些蘸着吃，或者你也可以蘸好了递给他们。相反，如果你不想让宝宝弄得太脏乱（可能因为你们在别人家或者餐厅吃饭，担心宝宝会把食物弄得到处都是，让人尴尬），你可以考虑自己用汤匙喂宝宝。然而，成年人用汤匙给宝宝喂食容易导致宝宝很难控制进食节奏，比如，食物一旦送到宝宝嘴里，他就无法随意吐出让他觉得不适的食物；喂食的人可能喂得过快，不给宝宝留消化和停顿的时间；或者宝宝吃饱以后，还不停让他多吃一点儿。如果你必须用汤匙喂宝宝进食的话，尽量多站在他的角度考虑，并留心观察他给出的提示，知道他想要什么。在吃一种食物之前，他可能需要先观察一下，然后再闻一闻。让宝宝拿着汤匙，或者你拿着汤匙，宝宝把着你的手引导你喂食，这样能让他有更多的掌控。

> 我们喝汤、喝粥或者其他类似的食物时会用汤匙。我会先舀一勺给他，看他需不需要帮忙。有时他会张着嘴低下头去吃汤匙里的东西，有时候会把着我的手送到嘴里。但我们只是在他需要的时候才会帮忙。如果他不怎么想吃，也可能直接把手伸进去玩。
>
> ——布里奇特，诺亚（9个月）的妈妈

除非由于某些医学上的理由迫使你不得不给宝宝喂食，否则一定不要在宝宝完成自主进食后又用汤匙喂他泥糊状食物。没必要非让他吃一定量的食物，或者把桌子上的食物都吃个遍，只要保证营养均衡即可。如果一味鼓励他多吃可能会导致饮食过量，形成不良的习惯，或者让吃饭成为一种喂饭者和吃饭者间的"战争"。只要保证给宝宝提供的都是含有所需营养的食物，并保证他随时可以吃到母乳或者配方奶，就可以放心地让宝宝自己决定吃什么了。

逐渐减少乳食

最初几个月，宝宝吃的任何辅食都是奶食之外的补充，母乳喂养和人工喂养还应像以前一样按照宝宝的需要进行，而不是必须跟家里的一日三餐保持一致。一旦他开始自己主动吃东西，大概在 9 个月的时候，或者更晚一些，就会开始减少对奶食的需要，或许是吃奶次数的减少，也可能是每次吃奶量的减少。吃奶间隔时间可能会比平时长一些，尤其是在他刚吃了很多辅食的情况下，奶食喂养的次数自然就减少了。当他开始按照一日三餐的时间跟家人一起吃饭以后，就会自己决定跳过某些本该吃奶的时间（尽管母乳喂养的宝宝不太可能会这么做，除非他吃饭的时候会喝水）。你要做的就是和现在一样，看懂他的提示，然后满足他的要求即可。

后续配方奶没必要

没有必要给宝宝继续喝那些大肆营销的"后续配方奶"或"幼儿配方奶"。那些有可能导致宝宝没有食欲去尝试新的食物，限制他的整体饮食结构发展。有些宣称能更长效缓解饥饿、延长宝宝睡眠时间的配方奶粉之所以有这些功能，是因为它们更难消化，而不是因为含有更多的营养物质。同样，也没必要给宝宝喝牛奶。尽管从6个月大开始，牛奶可以作为宝宝正餐的食物之一（比如用牛奶冲泡麦片），但在宝宝1岁以前，喝牛奶不能当作补充水分的一种方式。从乳食逐渐过渡到辅食的过程中，母乳或婴儿配方奶就完全可以提供宝宝所需的充足营养了。

宝宝不一定会稳定地或永久性地戒掉乳食，他们也会短暂地对辅食失去兴趣，这很常见，尤其是他们在出牙期或者体内有某些感染或炎症的情况下。可能有一两个星期的时间他们只想喝奶，之后又会继续吃辅食并减少奶食的摄入。如果是母乳喂养，你的母乳量会随着宝宝的需求波动；如果是人工喂养，你就要注意宝宝对奶食的细微食欲变化。

通常，宝宝至少1岁以内都会继续以吃母乳或配方奶为主。让宝宝自己控制乳食和辅食摄入量，这样能让他安全地逐渐从前者过渡到后者。

本 章 要 点

◆宝宝天生知道自己要吃什么以及要吃多少。

◆宝宝主导进食的方法能让他根据自己的本能进食，并促进父母与宝宝间的相互信任，还有助于宝宝自己控制食欲。

◆宝宝主导进食的重要前提就是你能理解宝宝细微的进食提示，不用让他等待太久。这能够让喂养宝宝的工作轻松一些。

◆宝宝主导进食与母乳喂养关系密切，互相促进，在喂养过程中可以紧密结合；人工喂养也可以由宝宝主导。

◆为了让母乳喂养更加顺利，需要做到"FEEDS"，即多次（Frequent）、有效（Effective）、排他（Exclusive）、按需（On Demand）以及喂养时的肌肤接触（Skin to skin）。

◆让人工喂养更亲密、更享受。亲近地抱着宝宝，看着他、跟他说话，并密切注意他给出的信号。

◆宝宝的自然进食规律会在出生后几周内显现出来，尽管可能不是特别稳定。

◆大多数宝宝夜间都需要喂养，睡在离宝宝近的地方能让夜间喂养轻松一些。

◆6个月大之前，宝宝只需要母乳和配方奶就足够了，6个月到

1岁之间，奶食也依然是他们重要的饮食构成部分。

◆宝宝主导的辅食添加可以有效避免用餐时间喂食者和宝宝之间的"战争"，并有助于宝宝养成一生受益的健康饮食习惯。

◆为了给宝宝机会自主添加辅食，要让他参与家庭用餐，自己吃辅食，这是宝宝主导进食的自然延续和发展，要让宝宝自己决定从奶食到辅食的过渡节奏。

◆让宝宝在自己认为合适的时间戒掉乳食，确保断奶期间他也能得到充足的营养。

第7章
让宝宝主导睡觉过程

宝宝主导的睡觉方式能让宝宝感觉自己被爱护、被呵护。夜间和白天睡眠都是宝宝建立安全感、信任感和幸福感的上佳机会，这些积极美好的感觉有益于宝宝的身心健康，也有助于你们之间建立深刻且长久的亲子关系。

为什么睡觉这么难

有宝宝后的前几年，父母们抱怨最多的就是睡眠不足。晚上，宝宝不会像父母期望的那样整夜安睡，导致父母也不得安睡，这已经成了育儿过程中不可避免的部分。但真正的问题不在于宝宝到底做了什么，而在于我们认为他们应有的睡眠方式和他们自然的以及目前需要的睡眠方式之间存在不匹配。

几代以来，父母总会被误导去相信宝宝很小的时候（通常是三四个月大）就可以睡整夜觉了。我敢保证，宝宝出生几个月后的某一天，一定会有人问你："你家宝宝现在能睡整夜觉了吗？"然后你会感觉他们在等着听你的答案来评判你，就好像宝宝的睡眠如何都是你的责任。结果，许多父母会感觉压力很大，从而迫使宝宝去适应一种违反他天性和需求的睡眠模式，比如试图让他单独睡一间房间，不用哄就可以自行入睡（有时被称为"自我安抚"），以及白天可以在特定时间睡觉，而不是让他遵循自己的正常生物钟。这些不切实际的目标会造成亲子关系紧张，因为这些目标完全不符合宝宝的自然成长规律，也不符合每个宝宝的真正需求。

"整夜安睡"的误区

实际上，宝宝还不能在夜间保持长时间睡眠状态。广为流传的宝宝可以睡整夜觉这一错误说法主要源于英国 20 世纪 50 年代进行的一项宝宝睡眠模式的调查研究。研究中，"整夜安睡"的定义是：午夜 12 点到凌晨 5 点之间，父母不会被宝宝的哭声或者动静吵醒。宝宝如果想要达标，需要做到：在这个规定时间内吵醒父母的次数不能多于每周 1 次，午夜 12 点以前和凌晨 5 点以后吵醒父母不算。结果，大多数父母都说，根据这一标准，他们的宝宝在 3 个月大的时候能够整夜安睡，尽管后来许多父母又说，过了一段时间宝宝反而比以前醒的次数更频繁。很显然，这些结果并没有告诉我们关于宝宝夜间睡眠模式的真实信息。

同时，还要注意一点，研究中宝宝的睡眠模式（或者只是被认为睡着了）呈现的诸多特点有其特定的时代和文化的原因，并且这些特点与我们所知的婴儿自然的睡眠模式特点非常不同。在 20 世纪 50 年代的英国，宝宝和父母分房睡的现象很常见，这使得宝宝最大的哭声都很难被听见（因为当时还没有发明婴儿监视器），也就是说，很可能宝宝醒来的次数要比父母知道的次数多。而且，那时候很多父母会让宝宝趴着睡，这会让宝宝比正常（安全）睡姿睡得沉，醒得少。另外，那个年代，配方奶越来越流行，所以很可能大多数宝宝都是配方奶喂养或至少添加了配方奶进行喂养的。并且，那个时候的婴儿添加辅食比现在要早很多，所以很多宝宝那会儿应该会吃麦片。配方奶和麦片都会减缓宝宝消化系统的运行，也会延长宝宝的深度睡眠时间。

尽管在过去的半个世纪里，父母对三四个月大的宝宝夜间照顾方式已

经有了很大的变化，但是"整夜安睡"的说法还在继续维持着权威，如果宝宝们没能达到标准，那就是行为有问题，必须要得到纠正。在同一时期，还出现了一系列理论，具体地描述了宝宝在不同年龄阶段应该睡几个小时觉，每次睡觉应该持续多长时间，但大多数都没有把宝宝在哪儿睡觉作为一个因素考虑进去。这些理论给父母们带来了不必要的压力，迫使他们让自己的宝宝去适应某种睡眠模式，但大多数这种设定的模式都不现实。

> 伊森小的时候，他的睡眠是让我最费心的事情，因为我那时对他的睡眠有错误的预期。别人总会告诉我宝宝应该睡几个小时，白天应该小睡多少次，然而一旦你按照别人说的开始计算宝宝的睡眠，真的感觉快要疯了。
>
> ——娜塔莎，伊森（3岁）和莎拉（13个月）的妈妈

宝宝不会像成年人一样睡觉

宝宝的睡眠模式跟成年人非常不同。新生儿还没有日夜概念，所以他们的睡眠时间无法预测，24小时随机分布，基本上都是由很多短暂的睡眠时间构成，中间穿插着他们需要进食、"聊天"，或者只是醒着或惊醒的时间。新生儿一天大概会睡16 ~ 20小时，都是断断续续地在一天中任意时间入睡，不分日夜，就像他们在子宫里的时候一样。

宝宝出生后的几个月内，日夜的概念都不是很清晰，所以也没有白天小睡和夜间睡眠的概念，但是慢慢地，他们就会开始根据日夜的概念调整

自己睡觉和醒来的模式。随着他们不断成长，体内的生物钟会根据昼夜的交替进行调整，从而实现延长夜间睡眠时间，减少白天睡觉次数。这一过程会根据不同宝宝的不同节奏来实现，不能急。大多数孩子都需要几年的时间才能适应整夜睡觉，白天不睡或至少睡一觉或是午休一会儿。现在很多国家和地区的孩子和大人也保持这样的习惯，午休对大人和孩子都是惬意的时间。历史上，成年人曾经一度每次只睡 4 个小时，会在半夜起来工作或社交，这在当时很普遍。有研究认为，缩短夜间睡眠时间，而在白天困的时候随时入睡，符合人体的生物节律，相比于如今西方社会推崇的单独依靠夜间长时间睡眠，能让我们更加健康，有更强的生产力。

晚上的时候，麦迪逊睡了我也会睡，因为那会是她夜里单次睡眠时间最长的一次，所以我也能完整地多睡一会儿。她在半夜到凌晨 5 点之间会醒很多次，我想，与其痛苦地强迫她做出改变来迁就我以前的正常睡眠模式，还不如我来跟随她的模式，这样更轻松一点儿。她现在已经 12 周了，我每天都能有充足的睡眠，而且她爸爸对此也没有怨言，他没觉得自己受到多少打扰，我们都知道她这种睡眠规律不会一直持续。

——劳拉，麦迪逊（3 个月）的妈妈

了解睡眠的运行机制

无论是成年人还是婴儿的睡眠周期都是由两个阶段交替进行的，一种

是快速眼动睡眠（REM），另一种是安静睡眠。安静睡眠是由浅度睡眠逐渐进入深度睡眠的过程。在快速眼动睡眠阶段，我们的大脑非常忙碌，可能是在做梦，或者在加工整理白天获得的信息。而在安静睡眠阶段，我们大脑的意识会暂时关闭以便进行"充电"。成年人每个睡眠周期大概持续 90 分钟，均是由安静睡眠开始，快速眼动睡眠结束。前半夜，我们会有更多的安静睡眠时间，而快接近早晨的时候，快速眼动睡眠时间就占了主导，所以我们通常会先沉睡，随着时间越来越接近早晨，可能会开始做梦。

　　婴儿的睡眠周期比成年人短，快速眼动睡眠更多，而且他们在两个睡眠周期交替之间很容易完全清醒。婴儿的单个睡眠周期平均时间为 60 分钟，先进入较浅的快速眼动睡眠，约 20 分钟后进入安静睡眠，之后会再次回到快速眼动睡眠状态。在安静睡眠阶段，宝宝会很快入睡，全身放松，这个时候你可以放心地移动他，他一般不会醒。然而，在快速眼动睡眠阶段，他会出现生理性抽动、嘴里嘟哝，而且随时可能醒来。较短的睡眠周期对宝宝来说很重要，能保证他们在出现呼吸减缓或感觉过热的时候随时醒来，所以，试图培养他们有较长的安静睡眠阶段可能会给他们带来危险。

　　夜间醒来非常正常，对于成年人来说也一样。每个睡眠周期结束的时候，我们可能都会短暂醒来，翻个身，扯一下被子，或者喝口水，然后再次入睡。通常我们早晨醒来都不记得这些夜间醒来的片段，所以还认为自己整夜安睡。之所以会出现有时候早晨醒来感觉神清气爽，而有时候则感觉疲惫不堪，原因并不在于我们夜间是否醒过，而在于什么时间醒的。如果是在两个睡眠周期交替之间自然醒来，那不成问题，但如果是在某个睡眠周期中间被吵醒就是问题所在了。婴儿和成年人每个睡眠周期的时长不同，这就意味着，你的宝宝在他的某一个睡眠周期结束后自然醒来时，可能你刚好还处在某一睡眠周期当中，除非你的宝宝一直睡在你身边，因为这样会让你们的睡眠周期逐渐同步。

夜间醒来不一定是饥饿感作祟

新生儿夜间和白天一样需要喂食多次，尤其是母乳喂养。所以他们夜间醒来，大多数情况是因为饿了。但稍大一些的宝宝夜间醒来则可能有其他原因，比如憋尿、做噩梦或者被异常声音惊醒等，尤其是在一个睡眠周期结束的时候。和成年人一样，一旦宝宝醒来，他就会觉得渴或者饿，又或者只是需要通过吃奶来得到安抚以便再次入睡。这并不一定表示他白天没有吃饱，哪怕这种情况出现于他此前已经有几周可以夜间长时间睡眠之后。给人工喂养的宝宝睡前加大配方奶的量或者在宝宝还没真正准备好摄入辅食前给他添加辅食，的确会延长他的消化时间，显得比较耐饿，但这并不表示他会因此而处于持续睡眠状态。实际上，研究显示，对一些宝宝来说，喂他们不需要的食物会更加干扰他们的睡眠。

宝宝主导育儿法
Baby-led Parenting

掌握并遵循宝宝的睡眠规律

　　新生儿总是不分昼夜在睡觉与醒来之间反复，并且通常醒来就要进食，除了能把进食和睡觉联系起来，你似乎看不出什么其他规律。随着他慢慢长大一些，你会开始发现他的节奏和他独特的睡眠规律，醒来和进食之间的规律也会显现，这样你就可以预测他什么时候会困，每次要睡多长时间。这个时候，许多家庭会发现他们的生活开始进入一个较为清晰的（宝宝主导的）轨道。但是，宝宝的睡眠规律会随着他不断长大继续发展和变化，并且平时也会出现一些变化因素。比如，宝宝不舒服或长牙的时候就会回到白天嗜睡、夜间频醒的模式。此外，生活中一些大的变动也会影响宝宝的睡眠，比如搬家或者妈妈产假结束开始上班，直到他适应了这些新变化才能再次规律起来。

　　我大女儿小的时候每次白天睡觉只睡半个小时，我当时非常焦虑，因为按照书上说少于 45 分钟的睡眠是不正常的，我的宝宝应该睡得久一点儿才对。我开始担心她是不是有什么问题，或者是我做错了什么。但是后来我的第二个孩子也是这样，无论是在我的怀里、婴儿背带里、婴儿车中还是在床上小睡，都是半个小时就醒，我才终于意识到，这就是她们正常的睡眠规律。

——艾莉克丝，杰西卡（5岁）和

格蕾丝（6个月）的妈妈

观察宝宝白天和晚上困倦时候的表现，能够帮助你掌握他什么时候想睡觉的规律，知道怎样做能帮助他入睡，怎样做会让他不易入睡，也能帮你预测宝宝的需求。比如，宝宝可能会通过以下表现来告诉你他困了：

- 活跃程度降低；
- 变得安静或者开始发出类似呜咽的声音；
- 打哈欠；
- 表情呆滞，或者两眼放空；
- 眼睑开始下垂；
- 看起来头重得支撑不住；
- 容易发脾气或者哭闹；
- 要求吃东西。

越早对宝宝这些细微的困倦信号做出反应，就越容易让他入睡。相反，如果等他困极了才反应过来，会让他更难放松下来，变得很难入睡。随着你对宝宝的自然睡眠规律越来越了解，就能够预测他什么时候需要睡觉，从而能让你提前规划日常安排，保证宝宝想睡觉的时候就能睡。

为什么睡眠计划行不通

任何不是基于宝宝个人自然规律的日常计划都很难实施，也不可能长期发挥作用。比如，不让宝宝睡觉，因为还没到"规定"的睡觉时间（或者试图延长他的夜间睡眠时间），最终都会事与愿违。因为随着宝宝越来越困，就会变得越来越生气，当终于到了"规定"的睡觉时间时，他很有可能已经过度困倦到无法平静的状态了，即使那个时候他最需要的就是睡眠。此外，按照计划睡觉也会影响大多数家庭日常生活的灵活性，因为当我们有临时的计划时，就会打乱为宝宝制订的睡眠计划。比如，某天不得不坐很长时间的车去某个地方，宝宝很可能在他本该醒着的时候睡着了，或者在他本该睡觉的时间还没有睡意。

有些父母想要设定固定的夜间睡眠时间（或者是他们实在需要补充睡眠），就会得到让宝宝"哭个够"的建议。但这会让他们和宝宝都变得压力更大，最终很多父母因为实在无法忍受宝宝那么明显的伤心而放弃。有些父母则声称此方法很管用，即使他们也常说效果没持续多久。如果宝宝被长时间单独留下，大多数宝宝会停止哭泣，这并不令人惊讶（因为这是一种哺乳动物本能的生存反应，以避免落单时引起捕食者的注意）。然而，研究表明，这种情况发生后，宝宝体内的压力激素——皮质醇水平会升高，也就是说，尽管看似自我安抚达到了效果，实际上他仍然感到很压抑。如果一直重复这种情况，宝宝哭的时候没人安抚，那么会导致他越来越难完全平复下来。

我从来没有给我的孩子设定过白天和夜间的睡眠时间。他们小的时候，我们每天都出去，他们困了就睡，无论是在背带上、婴儿车里还是汽车里。现在她们都长大了，还是能找个地方就睡，也会在忙碌了一周后，周末睡个懒觉。朋友们都说我们的孩子很好相处，而且即使参加聚会到很晚也不会出现因为过度困倦而哭闹的情况。他们能这样就很方便我们经常举办或参加大人孩子都出席的聚会，而不用急着回家或者花钱请保姆，真的挺好的！

——克莱尔，弗洛拉（17岁）、南希（14岁）、
穆德（12岁）和艾格妮丝（10岁）的妈妈

宝宝应该睡在哪儿

理想情况下，宝宝应该睡得离你很近，如果可能的话，最好是手能触及的地方。从人类历史的角度来看，让宝宝白天和夜晚都睡在单独的房间是近些年才流行起来的，并且不符合宝宝的需求。我们睡觉的时候还能感知周围的一切，当我们感觉安全就会睡得更香。对于一个婴儿来说，感觉安全就是知道有熟悉的人在自己身边，也就是说要能够听到他们的声音、

闻到他们的气味，如果能摸到他们则更好。独自一人（或者感觉自己独自一人）会让他很难入睡。很多父母也希望和自己的孩子离得近一些，他们发现只有看见宝宝或者听到他的动静和嘟哝声自己才能放松下来。有些人说，如果摸不到宝宝，感觉自己都不完整了，尤其是在最初的几个月。

从某种意义上来说，这种想法并不奇怪。研究表明，成年人在身边能保证宝宝睡觉时的安全，而宝宝独自睡觉会增加其遭遇婴儿猝死综合征（SIDS，也称"摇篮猝死"或"童床猝死"）的危险。这也是为什么建议6个月以下的宝宝无论白天还是夜间都应该跟父母睡在同一个房间。当然，这并不是说6个月以上的宝宝就应该放在单独的房间睡，只是说宝宝越大引发婴儿猝死综合征的危险就越小。许多父母说，哪怕是他们的孩子已经到了蹒跚学步或更大的年纪，只要自己在他们身边，他们就能多睡会儿。

应该离你多近

让宝宝跟你睡在同一个房间意味着如果宝宝有需要，你就可以马上出现，也意味着他不用通过哭闹才能知道你在身边。有时候，刚结束一个睡眠周期醒来的宝宝只要意识到你在身边就足以让他安心继续进入另一个睡眠周期。但是当他非常小的时候，仅仅和你在同一个房间却相隔较远是不够的。他们还不能通过听和看来区分事物的远近，唯一能知道父母在身边的方法就是通过触摸，以及感觉到他们的气息。

许多父母发现哪怕他们只离宝宝几米远，也不如在宝宝伸手可及的地方能让宝宝睡得安稳。研究表明，睡在成年人身边有助于宝宝调节呼吸，降低睡眠期间呼吸速率大幅减慢（被称为"呼吸暂停"，最常见于新生儿出生后的前几个月）的危险。身边有人在的安全感能让宝宝体内的压力激素保持在较低水平，从而让消化和免疫系统功能正常运转，同时有助于宝宝保持放松状态。

　　无论宝宝睡觉还是醒着的时候，让他紧紧地挨在你身边能让你们双方更快地了解对方，产生默契。许多父母发现，因为对宝宝最细微的信号高度敏感，所以很快培养了一种"第六感"，能够感知宝宝什么时候需要他们。在宝宝睡觉的时候跟他保持亲密距离也有利于你了解他睡觉时自然做出的动作和发出的声音，当然这些动作和声音并不一定都表示他要醒了（你慢慢了解哪些信号表示他不是要醒来后，哪怕是听到这些信号也能很快再次入睡），但有的信号的确可以给你他要醒了的提前预警。所有这些都能让夜间育儿更加轻松，也能让你更加自然和本能地做出反应。

白天让宝宝睡在身边

　　对宝宝来说，最佳的睡眠环境就是能让他感觉舒心、安全以及可以想睡多久就睡多久的地方。这可能需要多番尝试之后才能选定。许多家庭发现，前几周的时候，宝宝睡在父母的怀里是最安心的，他可以贴着父母

的胸膛，或者趴在肩膀上，但是随着他不断成长，也会有波动和变化。比如，有几周或者几个月时间宝宝在婴儿背带里睡得非常好，随后会突然喜欢躺在床上或者地板铺的毯子上睡，然后过了一段时间又想回到背带里睡。在他身体不舒服或者长牙的时候可能还会有不同的表现。宝宝对睡觉时的声音偏好也不同，有的喜欢在安静的环境中睡，有的则喜欢伴着些许有节奏的背景声音入睡。宝宝对于自己在什么样的环境中睡觉最有发言权，而你则需要根据宝宝的喜好在自己的生活中做出一些调整，确保双方都能满意。

保持宝宝白天睡眠时间的灵活性，有助于你适应他的正常发育带来的需求变化。即使你还是习惯在他应该会困的时候待在家里，但也不妨尝试一下让他有机会适应在其他的情况下入睡，培养他以后应对变化的能力。

移动睡着的宝宝的小贴士

如果你的宝宝睡着了而你又想移动他，请等到他进入深度睡眠（当他看起来很放松的时候——通常在他入睡后20分钟），这时的他比较不容易醒来。如果你要把他放到婴儿床上或童车里，事先温暖一下表面（如用热水袋）会让他不被惊醒。

乔和迪伦小时候一起睡在婴儿提篮里。因为我发现他们醒来喝奶的时间逐渐趋于一致，所以我觉得这样睡在一起能让他们养

160

成相似的睡眠模式。现在我都会在我们的床上喂他们入睡，然后把他们抱回紧挨着我们的婴儿床上，一会儿之后他们就会再回到我们的床上，因为想要被我们抱着，而且觉得跟我们在一起睡更暖和。

——凯伦，乔（2岁）和迪伦（2岁）的妈妈

用婴儿监视器好吗

父母和宝宝分房睡时，可以通过婴儿监视器听到（看到）宝宝的情况，从而能够像和宝宝在同一间房间一样，在他要醒来的时候迅速做出反应。那么婴儿监视器有什么做不到的呢？它无法让宝宝感到安心。有些父母发现，即使他们有监视器，但是当宝宝在另一个房间醒来，睁开眼睛那一瞬间没有看到他们，或者呼唤父母之后听不到他们过来的动静，还是很快会陷入悲伤。

此外，婴儿监视器也不能确保宝宝的安全。即使是使用那种既能监控动静又能监控声音的仪器（如果宝宝长时间没有任何动静就会发出警报），也并没有证据表明可以降低婴儿猝死综合征的危险，相反，研究表明，真正有人在身边才能够更好地保护宝宝。

夜间让宝宝睡在身边

夜间照顾宝宝是很辛苦的，尤其是最初的几周，父母和宝宝都在互相适应，也在慢慢磨合夜间喂奶的问题，这种情况下，让宝宝夜间睡在身边能减少些辛苦。你可以让宝宝睡在你们的大床上，也可以让他的婴儿床紧挨在大床边，这样有助于他将夜晚和舒适、安全联系在一起，也更便于你们及时对他的需求做出回应。许多父母发现让宝宝睡在身边既安全又不难做到，也能让全家人都享有健康和平静的睡眠。

睡婴儿床 vs 亲子同床

怎么安排宝宝睡觉这个问题，每个家庭的做法不同，每个宝宝的偏好不同，每个晚上的情况也不同。有些父母打从一开始就决定跟宝宝睡在同一张床上；而有些父母则压根儿接受不了这种想法；有些父母原本想让宝宝睡婴儿床，但最终还是觉得同床睡比较方便；有些父母前半夜让宝宝睡婴儿床，后半夜再抱回大床上；另一些父母某几个晚上让宝宝睡在婴儿床里，某几个晚上睡在大床上；还有些父母，宝宝还在大床上时，他们就不知不觉地睡着了，因为实在太困了。许多家庭会根据宝宝在哪儿最容易安睡，以及他们最喜欢宝宝睡在哪儿等因素，采用同床和婴儿床结合的睡觉方式。研究显示，大多数宝宝偶尔都会被抱到父母床上睡，尤其是母乳喂养的宝宝。然而，从某些角度来看，的确不建议亲子同床，这样看来，最好提前考虑好你希望怎样安排宝宝睡觉，以保证他每晚的睡眠安全。

许多健康专家在建议亲子同床的时候相当谨慎，是因为研究表明，相比于让宝宝睡在婴儿床里，亲子同床会增加宝宝受到伤害的概率。与亲子同床相联系的危险因素主要是吸烟、醉酒、用药和床本身的质地。然而，父母们得到这些相关信息之后可能会感觉到困惑，因为并不是所有的调查研究都涉及了这些因素，有些研究甚至没有区分父母和孩子共同睡在沙发上（已证明非常危险）还是共同睡在床上，后者危险要小一些。了解睡婴儿床和亲子同床相关的危险之后，你将能够更全面地为自己和宝宝做出最佳选择。

> 我曾经看过一条建议：宝宝6个月以前可以和父母睡在同一个房间，6个月以后就要睡在他们自己的房间、自己的婴儿床上。后来我就是按照这个建议做的。我先喂她入睡，然后把她抱回婴儿床上。这样大概持续了一个月，我突然意识到，这样来回折腾完全没有意义，我疲惫至极，而且大家都睡不踏实，所以她又回到我们的床上睡了。
>
> ——吉姆，爱丽丝（10个月）的妈妈

睡婴儿床

直到 19 世纪末，婴儿床才逐渐流行起来。那以前，大多数家庭的宝宝都和妈妈睡在一起。之所以逐渐向睡婴儿床转变，主要是因为三个原因：其一，居高不下的婴儿死亡率，由于同床睡而相互传染疾病；其二，亲子同床婴儿窒息的高发率（比如，意外被捂盖而窒息或者被人故意捂盖而窒息），特别是在困难家庭；其三，分娩越来越医疗化，包括分娩过程中妈妈用药导致产后不能安全照顾自己的宝宝，前几天必须依靠别人来照顾。让宝宝睡在婴儿床里不光意味着他不太可能跟妈妈保持伸手可及的距离，也意味着他可以被放在另一个房间。到了 20 世纪中叶，婴儿床已经在整个英国相当普遍了。

但事实上，让宝宝睡婴儿床并不意味着宝宝只能离你远远的。让婴儿床距你的床尽可能近，这样宝宝才能感觉到你的存在，你也不用下床就能摸到他（或者把他抱起来，这样是最理想的）。你可以选择夹式（也叫"挎斗式"）可与大床连接的婴儿床，这样能让他离你更近一点儿，并且也是介于单独婴儿床和亲子同床之间的折中办法。这样的婴儿床都是三面封闭、一面开放用来跟大床的床垫相连接的，这样你就可以轻松地摸到宝宝，或者把他挪到自己身边喂奶。如果你采用夹式婴儿床，要确保它和你的床实现无缝对接，中间没有空隙，以免宝宝的四肢被两张床之间的缝隙卡住。

睡眠安全

无论宝宝什么时候睡觉，最重要的是保证他的安全。确保所有的设施设备都符合安全标准并正确组装和使用，如果是二手婴儿床，尽量换一个新的床垫。以下这些注意事项适用于几乎所有睡眠情况，能够帮助你将危险降到最低，极特殊情况除外。（注意：这里的"婴儿床"指普通婴儿床或者婴儿提篮。）

- 床垫要结实平坦，床单要光滑平整。避免让宝宝睡在松软的床垫上或者睡床上，因为这有可能让宝宝所睡位置形成低势。

- 让一切松软的玩具、多余的枕头、备用盖被、床围等柔软的东西远离宝宝，他们直到1岁左右才需要用枕头。

- 将婴儿床放置在远离窗帘或绳线的地方，以免绳子和宝宝发生缠绕。

- 让婴儿床或大床上宝宝睡的一侧远离散热器。

- 保持宝宝衣物适中（他不需要比你穿得多）并确保头部没有任何遮盖。在婴儿床上，薄睡袋或薄毯要比羽绒被安全。

- 始终让宝宝保持仰卧，避免趴睡或侧卧。

- 让宝宝的脚离婴儿床的下围栏尽可能近一些，以防有空间让他扭动滑到被子下面。

- 禁止宠物进入宝宝睡的房间或者上他睡的床，即使宝宝当时不在那儿。

- 禁止任何人在宝宝睡觉的地方抽烟，无论当时宝宝有没有在那个地方睡觉。

- 6个月以下的宝宝睡觉时必须有成年人在身边陪同，无论是白天还是夜间。

宝宝主导育儿法
Baby-led Parenting

亲子同床

亲子同床是让宝宝离父母尽可能近的最直接方法，如果是母乳喂养，那么亲子同床对于夜间母乳喂养来说具有绝对优势。实际上，研究显示，宝宝和妈妈睡在一起的话，母乳喂养持续时间会更长。如果你白天不得不和宝宝分开，或者你和宝宝都经历了压力重重、不愉快的一天，那么亲子同床是一个让双方重新建立依恋、互相安慰的好方式。在外工作时间长的父母经常表示他们非常珍惜晚上和宝宝在一起的时间。

亲子同床有很多潜在益处，以下仅列出部分以供参考：

● **父母和宝宝的睡眠周期趋于一致。**尽管成年人和婴儿的睡眠周期不同，但成年人的睡眠周期是可以变化的。随着时间的推移，一位睡在宝宝身边的成年人会自然而然地改变自己的睡眠周期，并逐渐和宝宝的睡眠周期趋于一致。夜间离得越近，睡眠周期越一致，也就是说宝宝醒来的时候，你很可能也恰好完成一个睡眠周期醒来，而不是从某个睡眠周期当中被吵醒，这样你早上会感觉休息得很好，精神充足。

● **母乳喂养更加轻松。**宝宝夜间醒来，你可以以最快的速度给他喂奶，谁都不用下床，这样每个人夜间受到的影响都较小。

● **宝宝的体温可以得到调节。**因为婴儿还没有能力保持自己的内部体温平稳，所以很容易感到过热或过冷。近距离的接触让你能够随时检查宝宝的体温，并根据他的冷热来进行调整。尤其是母乳喂养的妈妈，可以根据宝宝的冷热调整给他盖多少，而且是在自己和宝宝都处在睡眠的状态下自然做出的反应。能肌肤贴着肌肤睡觉就更好了，因为这样父母的身体可

166

以直接调节宝宝的体温。（注意：来自衣物和被褥带来的过热危险会让宝宝的体热无法疏散，而来自父母身体的热量不会有这种危险。）

•**亲子关系愈发加深。**父母和宝宝在一起睡觉时产生的交流意味着他们是通过本能和直觉在了解对方，从而让他们无论是睡着还是醒着的时候，亲子关系都更加深厚和牢固。

•**每个人都能多睡一会儿。**如果你整夜都在宝宝身边，那么他就不需要完全清醒并大声哭闹来引起你的注意。对于你来说，知道在他需要的时候自己能够迅速做出反应也能让你更放松，睡得更安稳。父母和宝宝一起睡，还容易让通常醒得很早的宝宝再被哄睡一两个小时。

•**亲子同床很享受。**大多数人非常享受跟自己爱的人睡在一起，许多曾跟宝宝睡在一起的父母都说，回想起以前一起睡的时候，都是很特殊、很珍贵的回忆。

亲子同床不代表父母不可以享受性生活

许多夫妻发现和宝宝睡在一张床上让他们的性生活更富于创造性，去发掘什么时间或者在哪儿，有了很多的可能性。而且习惯睡觉的时候有动静或伴着轻微背景音的宝宝基本不会受到打扰。如果你愿意，可以先把宝宝放在婴儿床里或者放在旁边地板上的床垫上。如果你在那儿把他哄睡着或者在他睡着后马上将他轻轻地放下，那么你就可以开始享受时间相对充足且没有人打扰的二人世界了。

宝宝主导育儿法
Baby-led Parenting

亲子同床睡的时候一定要保证宝宝有充分的移动空间。即使只有你一个人跟宝宝一起睡，你们睡在双人床上也要比单人床好一些。许多家庭得出结论，如果父母要和两个甚至更多孩子一起睡，空间允许的情况下，特大号的床是最好的选择。还有一种方法就是在地板上放两张床垫（无论是两张单人床垫、两张小一点儿的双人床垫、一单一双，还是一张双人床垫外加一张婴儿床垫都行）。如果可以的话，让小一点儿的床垫抵着墙（这样就不会随便移动）或者用大床单将两张床垫罩在一起，防止它们分开。

我们做过最对的一件事就是买了超级大号的床，买了之后立刻对全家人的睡眠有了很大的改善。凯特琳可以跟我们一起睡，每个人都能有充足的空间。现在她大一些了，也有了一个小妹妹，如果她还想跟我们一起睡的话，这床足够我们 4 个人舒服地躺在一起。小女儿睡在中间的睡袋里，我和她们的爸爸都有单独的被子，所以就不会出现抢被子的现象，也就不会发生被子捂住宝宝的情况。

——卡拉，凯特琳（5 岁）和菲比（11 个月）的妈妈

亲子同床安全小贴士

婴儿和父母同床而睡已经有几千年的历史了，但如今设计的成人床和现代生活方式都没有把他们考虑进去。鉴于这个原因，亲子同床存在着与睡婴儿床不同的危险。以下建议是根据最新研究提出

的，能让你和宝宝同床睡的时候尽量保证他的安全：

●检查床垫与床头板或墙之间的缝隙，确保宝宝不会陷进去或者受伤，当然也要确保宝宝不会从床上掉下来。（地板上直接放置没有床头板的床垫要比普通的床安全一些。）

●如果床上同时睡有一个小婴儿和一个稍大的孩子，确保有成年人睡在二者中间。如果夜间稍大的孩子会中途过来睡在床上，确保他们清楚地知道自己应该睡在哪儿，最起码不能挨着小婴儿。

●在宝宝长到足够大、能在床上找到自己的位置之前，要让他睡在你的身边，你可以蜷起身体围着他，让他的头部跟你的胸部齐平。这样能避免他陷进枕头里或者被东西捂住。如果你是母乳喂养，这样躺刚好可以方便宝宝吃奶以及吃完奶转过身躺下再次入睡。

●确保空间足够宝宝自由活动四肢。亲子同床睡的时候，绝对不要裹住宝宝或束缚着他。

●永远不要留宝宝一个人在你的床上，除非你也在房间里，并且能随时知晓他的动静。

研究显示，存在以下情况并不适合亲子同床：

●妈妈曾在孕期吸烟，或者现在同床而睡的某个人是吸烟者；

●同床而睡的某一方因为某些原因不能正常照顾宝宝，比如醉酒（就像醉酒后驾驶汽车不安全一样，照顾宝宝也不安全），或者服用了嗜睡性药物及其他会让他们睡得很沉的东西。

> 证据表明，如果存在以下情况，亲子同床则会有一些安全隐患：
>
> ● 不是母乳喂养，或者与宝宝同床而睡的不是妈妈（现有证据表明母乳喂养的妈妈和宝宝会以一种非常安全的方式睡在一起）；
>
> ● 睡在宝宝身边的人非常困倦，可能无法正常照顾宝宝（普遍认为，在过去的24小时里睡眠不足4小时的人就会出现这种情况）；
>
> ● 宝宝是早产儿。

　　孩子的奶奶针对我们同床而睡这一点经常说，我们这样做会让孩子直到18岁还和我们赖在一起，可他那时才3个月而已！当我们住在孩子奶奶家的时候，她给宝宝买了婴儿床，但当她某天早晨端着茶走进我们房间的时候，看到我们依偎在一起，说道："我现在完全明白你们为什么总是要睡在一起了，真的太美好了。"

——贝奇，弗雷德（1岁）的妈妈

从亲子同床到分床睡

　　没有所谓"正确"的时间是宝宝应该开始单独去自己的床上睡的，每个家庭、每个宝宝都是不同的。所有的孩子都会在某个时间点开始在自己的床上睡觉，尤其是如果他们很喜欢自己的卧室的话。然而，如果出现你想让宝宝单独睡，但他还没有准备好的情况，他会需要你的帮助才能慢慢接受。

如果并不享受亲子同床

有些家庭发现亲子同床并没有他们想象的那样舒服。如果你没有那么享受宝宝在你床上的感觉，那可能是因为以下某个原因：

● 床太小（或者宝宝太好动）：如果床上没有可供每个人伸展的足够空间，那么应该尝试将两张床垫铺在地板上。

● 宝宝离得太远：如果你的床很大，宝宝会不断醒来，因为他感觉不到你在那儿。试着让他离你近一些。

● 宝宝总是想要吃母乳：整夜挨着妈妈的乳房睡对有些宝宝来说是难以抵抗的诱惑。如果这让你感到不适或疲惫，试着让孩子的爸爸睡在宝宝身边一会儿或整晚。

● 宝宝太吵：这在最初几周是最明显的问题之一，因为你还没能适应宝宝夜间总是发出呼哧声和嘟哝声。

当问题不那么容易解决的时候，有些夫妻会选择他们中的一个人去另一张床上睡一会儿或整晚，另一些则发现，让宝宝睡在床边的婴儿床上或者地板上的床垫上就能很好地解决问题。

如果你决定让宝宝开始自己睡，那么最好提前想好让他睡在哪儿，以及他夜里醒了你要怎么做。以前跟父母同床睡的宝宝长大一些后会不喜欢睡在小的婴儿床里，他可能会喜欢睡在地板上的床垫上。你

可以和他一起躺在床垫上把他哄睡，然后自己再回到床上睡。等到他会爬以后，就能安全地爬下床垫去找你，所以他醒来后就不用你走过去抱他了。

　　孩子们到了一定的年龄都不在我们的床上睡了，以前全都要跟我们睡一起，但直到现在，大多数早晨我醒来后都看到最小的一个会躺在我身边。我特别喜欢假期的时候，我们都睡在一个大房间里，我感觉自己像一头母狮一样被幼崽们包围着。感觉到他们在身边，听见他们的呼吸，知道他们都安全，我就会睡得非常安稳。

——丹妮拉，艾娃（11 岁）、斯坦利（8 岁）和

乔（5 岁）的妈妈

帮助宝宝入睡

　　宝宝不需要别人来教他们睡觉。只要入睡的条件达到他们的要求，他们就会准备睡觉，无论在哪儿，而且想睡多久就睡多久。有些宝宝轻易就能入睡，无论在什么地方，跟什么人在一起；另一些宝宝则需要别人的帮助才能放松下来进入睡眠状态，即使当时他们已经表现出困意了。

父母可以用很多方法来帮助宝宝入睡，这些方法也会随着宝宝的不断长大，以及父母更了解宝宝的节奏和偏好而变化。总的来说，帮助新生儿入睡最简单的方法就是让他感觉像在妈妈子宫里的时候一样，比如，听着妈妈的心跳、声音，或者被妈妈抱在怀里。喂奶对于大多数宝宝也受用，这也是为什么很多父母选择让宝宝吃奶入睡。如果吃完奶宝宝看起来已经放松下来，并且很困，则没必要把他抱起来拍嗝。你继续亲密地抱着他，他就会很自然地睡着了。

> 我当时有一本书，书上说如果宝宝刚吃完奶就睡着的话要把他弄醒。这完全说不通，谁会想要弄醒一个正在酣睡的婴儿呢？我真希望当时我能按照自己的直觉做，能坚持认为就这样睡了也没关系就好了。
>
> ——玛娅，亚历山大（5岁）和玛利亚（11个月）的妈妈

以下是一些经过验证的能够帮助宝宝入睡的有效方法，对白天和夜间睡眠均可起到一定作用，可以单独采用一种，也可以几种方法组合使用。多试几种，看看宝宝的反应，他能帮你找到对他最管用的方法：

● 喂奶；

● 抱在怀里轻轻地摇；

● 抱着宝宝随着舒缓的音乐律动；

● 用婴儿背带背着；

● 肌肤贴肌肤地抱着；

●趴在你的胸口或者肩颈处——许多宝宝尤其喜欢趴在爸爸胸口的感觉（肚子朝下睡在某人的胸前不会出现趴睡在婴儿床或者大床上的危险，当然是在这个成年人醒着的前提下）；

●轻柔又有节奏地按摩或轻拍；

●让他躺在你身边，特别是当你睡着的时候（或者假装睡着）；

●给他唱舒缓的摇篮曲；

●播放优美的音乐或者悦耳的鸟鸣声；

●播放或发出白噪声或者模拟子宫里的声音，比如：

　　◆用轻柔的声音重复"嘘嘘"的声音

　　◆风拂过树枝、海浪敲击卵石，或者潺潺流水的声音

　　◆海豚和鲸鱼发出的声音

　　◆滚筒式烘干机的声音

●吮吸安抚奶嘴；

●用婴儿背带或婴儿车带他出去散步；

●开车带他出去转转。

大多数宝宝如果被抱着，很容易就会进入梦乡，而且走路或摇摆的律动能帮助他们快速入睡。有些父母白天的大多数时间都用背带抱着宝宝，这对于新生儿来说尤其方便，因为他们可以随时随地想睡就睡。还有一些父母在宝宝开始犯困的时候把他放到背带里，一旦他睡着了，可以就那么抱着他或者把他放下（如果他越来越重的话）。

当然，所有的宝宝都是不同的。就像困的时候，有些宝宝喜欢安静，有些则更喜欢有些声音；有些觉得轻摇和轻拍有安抚作用，有些则觉得这

样会让他们更烦躁。有些宝宝会在某个阶段不喜欢被抱着哄睡，如果被抱着就明显感觉无法放松，直到被放下来。总之，越多地尝试不同的方法，灵活应对和变通，就越容易帮助宝宝入睡。

可以使用安抚奶嘴吗

吮吸安抚奶嘴有助于宝宝入眠，是因为它的感觉跟吮吸妈妈乳头非常像。然而，经常使用安抚奶嘴会导致一系列问题，宝宝会很快开始依赖安抚奶嘴。一直有人猜测，使用安抚奶嘴在某些方面也有利于宝宝安全睡眠，尤其是当宝宝独自一人睡觉时。这么猜测可能是因为使用安抚奶嘴能够防止宝宝过长时间的深度睡眠，消除"呼吸暂停"这一潜在危险。然而，这一点并没有经过证实，并且现在的婴儿睡眠建议中也不包括使用安抚奶嘴。

帮助宝宝习惯不被抱着也能入睡

尽管宝宝更喜欢睡觉的时候跟父母紧紧地挨在一起，有些父母还是想让宝宝学会不用被抱着也能入睡，尤其是当他越来越大以后。可以尝试让宝宝将某些事物、动作、声音和放松、入睡联系在一起，这样或许会起到不错的效果。比如，有节奏地轻拍他、发出安抚的声音，或者在抱着他、摇着他和喂他的时候给他唱歌，让他将二者联系起来。如果你哄他睡觉时总是以同样的方式轻拍他，发出同样的安抚声音，播放同样的音乐或唱同

一首歌，（选一首你能够忍受一遍又一遍地听或唱的歌！）慢慢地，你会发现他在受到这些熟悉的刺激后就会自己入睡。当然，这是一个过程，不可能一蹴而就，可能会需要几个月的时间，但这是一种比睡眠训练（提倡让宝宝哭个够，之后便会入睡）技巧更柔和、更人性化（或许也是更持久）的方式。

不建议采用襁褓包裹法

襁褓包裹法，就是用披巾、被单或者毯子等将宝宝包裹起来，好让他的胳膊保持在身体两侧或在胸前交叉，这曾经是一种能让宝宝自行入睡，并且睡眠持续时间较长的方式。但是襁褓包裹会导致过热（即使包裹物很薄，宝宝的头也露在外面），因为宝宝的手臂无法伸开来散热。襁褓包裹也被列为可能导致婴儿猝死综合征的危险因素之一，这很可能是因为包裹物限制了宝宝的正常呼吸，或者因为宝宝睡得比安全睡眠要沉。最近的研究表明，将宝宝腿部和臀部包裹太紧可能增加髋关节脱白的危险。

玛蒂尔达总是一吃完母乳就开始哭，我真的不知道该怎么办。有一天我妈妈来家里，她说玛蒂尔达可能是困了，想自己躺下睡。我觉得不太可能，因为我的大女儿以前就非常不喜欢被放下来，只有在我或我丈夫身上，或者和我们一起躺在床上时才能入睡。但我还是听了妈妈的建议，把玛蒂尔达放到婴儿车里，没想到她一会儿就睡着了。伊莉莎小的时候我们给她买了一个婴儿提篮，但她怎么也不肯睡在里面。后来玛蒂尔达出生的时候我们已经将这个婴儿提篮送人了，所以我们借来一个婴儿床，她很喜欢睡在里面，只有需要吃奶的时候才会来我们的床上。但是克拉拉和弗兰基晚上都喜欢和我们睡在一起，就和伊莉莎小的时候一样。

——泰瑞莎，伊莉莎（9岁）、玛蒂尔达（7岁）、

克拉拉（5岁）和弗兰基（2岁）的妈妈

养成睡前习惯

一旦你的宝宝能在前半夜保持最长时间的睡眠状态，就要开始培养他良好的睡前习惯了。这能让他的一天在舒适、安心和放松的状态中画上圆满的句号，会给人以24小时有规律运转的感觉，并且如果宝宝表现出困意的话（如果宝宝不困的话，那么世界上最有效的睡前放松习惯也不管用），睡前习惯可以帮助他放松入眠。

罗茜小的时候，因为有一些特定的睡前习惯，让我觉得哄她睡觉没那么难。通常我都会晚上拉上窗帘，早晨打开窗帘，尽管并不是说我拉上窗帘她就会睡着，或者我打开窗帘她就会醒来。我也会尽量每天给她洗澡，并没有每天固定在同一个时间，我会等她看起来有点儿困了才给她洗。即使哄她睡觉很难，你也要相信自己一定可以把她哄睡，孩子不会一直这么难哄，罗茜现在就睡得好多了。

——艾玛，罗茜（18个月）的妈妈

这里有一些较好的睡前习惯建议可供参考，当然需要经过实践，你才能找到适合自己宝宝的习惯：

- 处在一个安静、平和的氛围中（如果家里还有其他大一些的孩子，可能很难实现，这时候就需要你的另一半来发挥作用了）；
- 肌肤接触；
- 洗热水澡（让宝宝跟你一起洗澡，这样还能同时进行肌肤接触）；
- 穿上暖和的睡衣；
- 暗淡的灯光和紧闭的窗帘；
- 柔和的音乐、模拟子宫里的声音，或者摇篮曲；
- 轻柔地按摩；
- 听你讲讲当天发生的事情或者明天的计划（即使非常小的宝宝听不懂你说的话，但还是喜欢听到你的声音）；
- 听你读书或者讲故事；
- 轻松而随意地吃奶（并不一定是因为饿才吃）；
- 依偎在父母怀里。

没有固定的睡眠时间，只要适合自己的宝宝就可以。有一些稍大的宝宝晚上 7 点半甚至更早就要开始他们持续时间最长的一段睡眠了，另一些孩子根据自己的自然作息规律可能会比这个时间晚很多，早上也相应起得晚一些。宝宝的睡眠模式也不一定每天都一样，有时候某一天事情或者活动比较多，非常累，宝宝可能会在晚上早点儿睡，或者下午睡得久一些，然后晚上很晚才睡。

通常我们睡觉的时候才会让玛娅上床睡觉，她晚上一般都贴在我胸前，一会儿吃奶一会儿停下，直到最终睡着，有时候也贴在她爸爸胸前睡。她不怎么怕噪声，我们也喜欢让她就这么亲密地跟我们在一起，所以我们通常会跷着腿，看着电视，她睡在身边，一会儿之后我们就全都睡了。

——吉塔，玛娅（5个月）的妈妈

本章要点

◆宝宝的睡眠模式和夜间需求都跟成年人不同。

◆让宝宝白天和夜间都待在你身边，以便你能快速回应他的需求，也便于保证他的安全。

◆宝宝喜欢睡在父母身边，许多父母有宝宝在身边时也睡得更加安稳。

◆对于宝宝来说，吃着奶睡着是自然且正常的事，许多父母就让宝宝自己吃奶吃到睡着。

◆亲子同床能给宝宝安全感，从而让他睡得更好。这样的方式也让母乳喂养更加轻松，但前提是要保证安全。

◆遵循宝宝自己的睡眠模式，对于家里的每个人来说，都比强迫宝宝遵守一个设定的睡眠计划要轻松。

第8章
玩耍和学习

就像宝宝的身体需要温暖、安全和食物一样，他的大脑也需要培养和开发。他就像块海绵一样，不停地吸收和处理信息，在实践和玩耍中学习。

鼓励宝宝主导玩耍就要支持和帮助他以自己的节奏在玩耍中获得乐趣、学习知识以及开发智力。要了解宝宝玩耍的需求，给他玩耍的机会，尽可能让他自己选择如何玩耍、玩多长时间以及玩什么。

什么是玩耍

　　基本上所有宝宝自发做的事情都是玩耍。玩耍可以鼓励他思考、允许他实践，以及健全他的身体素质；也能刺激他伸手去够、翻身去拿，以及想弄明白某个东西是怎么回事。宝宝具有很强的接受能力，他置身在学习的海洋中，动用所有的感官来吸收知识和信息。他们知道自己对什么感兴趣，也知道应该以怎样的节奏控制自己的进度，以便自己完全消化一个信息之后再开始去接收下一个。他们所需要的只是一个可以自由、自然玩耍的环境。

　　宝宝刚刚出生的时候，大多数学习都是关于认识与他亲近的人、建立依恋关系以及适应子宫外面的生活。他的大部分精力都花在了应对巨大的身体变化（比如，不得不开始自己呼吸、自己吃东西等）以及确保生存上。在你怀抱里感觉到安全的时候，是他主要的学习时间，因为他可以专注地收集周围即时产生的信息。无论是白天还是夜晚，待在你身边得到的安全感都能让他更专注、更充分地吸收信息，因为他知道自己是安全的。这将给他一生的学习奠定一个良好的基础。

　　对宝宝来说，一切都是新鲜的。比如，他第一次发现自己的手，会跟手玩很长时间来弄明白它们能做什么，在这个过程中，就锻炼了他的灵活性。手将是他重要的玩耍和学习工具之一，所以他必须弄清楚怎样使用双手。在他可以抓玩具或其他物件之前，甚至会被哪怕手腕的移动或手指的张合吸引，然后努力学习如何控制手臂的移动。一旦他开始能控制自己的肌肉做自己想做的事情，就会为自己的学习开启全新的可能。当他可以伸手去碰触、拿起、翻转和移动一个吸引他的物件，而不仅仅是盯着看的时候，他就会开始明白，自己能够让一些事情发生和改变，并开始想在所有自己能接触到的东西上进行试验。

辅助宝宝玩耍

辅助宝宝玩耍并不意味着帮助宝宝玩耍。作为成年人，如果我们正沉浸于做某件事或者正忙于学习一项新的技能，即使过程中遇到了一些挫折，我们也不希望一个更有能力的人过来帮助我们完成这件事。如果就在我们快要达到自己的目的时有人来接手完成，或者他们没有正确理解我们要做的事，让事情朝着另一个方向发展，那我们肯定会感觉被捣乱了，会烦躁甚至生气。如果同样的情况发生在宝宝身上——某些人自认为提前猜出了宝宝的目标，并干涉他们、提供帮助来完成这一目标——很可能会让他们感觉到挫败，甚至会哭泣，同时也会妨碍他们从这一过程中学到东

西，以及享受这个过程。

> 最简单的东西都能让她开心很久，比如，不停地给一个壶盖
> 上盖子又揭下，或者把什么东西装进玻璃罐里，这样她就可以
> 透过玻璃罐看见这个东西在里面，并且在摇动的时候发出声音。
> 这种玩法你在哪儿都可以进行，无论是在公共汽车上、火车上还
> 是餐桌上。整个世界就是一个大的游乐场，她对任何事物都感到
> 好奇。
>
> ——安东尼，莱克西（4个月）的爸爸

大多数时候，宝宝玩耍并不是要达到某种目标，而是要享受这个玩耍的过程，并在此过程中学习和发展。他们沉迷于这个尝试和努力的过程，而不是结果，并通过这个过程学到些东西。你或许会忍不住想帮他把所有形状的积木放进对应形状的孔里，但其实当他无法把一块圆形积木插进方形孔的时候，他并不会感到挫败，而是有了新的发现，他可能还会因为自己知道了这个圆形东西放不进这样的方形孔里而高兴，并不需要弄明白（就这个案例来说）什么形状的积木才能放进这个孔里。

如果宝宝需要你的帮助或者想让你加入，他会告诉你的。通常他会将视线从正在玩的东西上移开，并看向你。然而，如果在他发出信号表明自己需要帮助之前，你总是来帮他完成，那么他就会习惯不去自己尝试和思考。让宝宝主导玩耍，你只要待在一旁即可，在他需要你的帮助或者想让你加入的时候再加入，一旦他想再次自己全盘接手，或者他认为这次玩耍已经结束，那么你要随时做好准备退出。

宝宝还小的时候，只能依赖你来给他提供可以玩的东西，但并不是帮他选择可以玩的东西。你可以给他 2～3 个小物件（太多选择会让宝宝一时间不知所措），让他自己选择感兴趣的那个。如果他已经能够自己拿起东西，那么你可以在他面前放上几件东西，让他自己决定先探索哪一件。他选完之后，你可能会惊讶于他所感兴趣的东西，或者难以理解他怎么会觉得一件像小木勺这样简单的东西那么有趣，但是你要相信，他知道自己在做什么。

我现在不会再带她去上婴儿早教班了，因为我已经明白宝宝会以自己的速度和时间到达她自己的每个成长节点，没必要过早催促她。我现在才想明白，以前带西娅去早教班并不是真的要让宝宝去做什么婴儿体操或者受音乐熏陶等，只是为了我自己能交一些妈妈朋友。我现在觉得我不需要那么做了，因为我已经有很多朋友了，现在又多了一个，就是我的宝贝——西娅。

——莎拉，西娅（3 岁）的妈妈，现在怀有第二个宝宝

宝宝天生是个运动员

宝宝的第一个玩具，很可能也是最需要探索了解的一个，就是他自己

的身体。从他意识到自己可以不受子宫壁的束缚伸展四肢的时候，就已经开始尝试不同的动作和姿势，逐渐增强自己的灵活性、平衡性、协调性、自身体力和活动能力。每一个动作的开始都要基于对上一个动作的熟练掌握，就这样，每次感觉自己做好准备，他就会本能地去尝试新的事物。他需要的就是充足的时间和空间去尝试和实践。

学步车和学站带会影响宝宝成长发育

有些宝宝很喜欢秋千、学站带或学步车，但是研究表明，这些娱乐工具（尤其是学步车）除了会带来安全隐患外，还会让宝宝在还不具备足够的平衡性和力气的情况下提前学习某些他还无法完成的动作和姿势，最终会导致这些方面的成长发育没有机会以应有的方式和节奏慢慢发展成熟。

出生后 1～2 周，宝宝喜欢蜷着身体，之后就会喜欢在床上或者地板上伸展身体，去发现自己的胳膊和双腿可以做什么，并尝试控制自己的肌肉来做出动作等。哪怕宝宝只有两个月大，他也能够通过扭动身体来改变姿势，同时也会有意地锻炼自己的力量和平衡能力，为翻身做准备。一旦他真的可以翻身了，你一定会惊奇于他横穿一个房间的速度，他自己也不会想到自己能爬得这么快，尽管他不是每次都能朝着自己想去的方向行进。

一旦宝宝熟练掌握趴着抬头，就会开始锻炼爬行所需的协调性；学会爬行之后就会开始尝试用脚支撑起身，最终学会如何走路。他需要机会来不断尝试和锻炼才能培养出这些技能，他力求变得越来越有力气，越来越灵活，也非常清楚地知道自己需要做什么。只要你在身边，他就会告诉你他什么时候感到挫败或者被卡住了（比如，一只手臂压在自己身下了），但大多数时候他都能自己照顾自己、自己解决问题。

宝宝不需要练习趴卧

父母们通常会通过各种途径听说，每天应该抽出一点儿时间让宝宝练习趴在地板上。这种建议之所以受到瞩目，是因为有研究发现，仰卧睡姿对宝宝来说更安全，但许多人担心仰卧睡姿无法让宝宝的颈部和背部肌肉得到充分锻炼，从而导致宝宝的翻身能力延迟，而练习趴卧可以锻炼宝宝翻身的能力。但当前的研究表明，这种担心完全是没有根据的。不过，现在有一个非常普遍、但以前一直很少见的问题，那就是当宝宝的头部长时间压在一些较硬的表面，比如婴儿床垫、婴儿车或者车内婴儿安全座椅上，他的后脑勺（或侧面）会被压得很平，所以"趴卧练习"现在才作为一个建议来防止这种情况发生。

大多数婴儿都不喜欢趴卧练习，这并不难理解。当宝宝在一个平坦的表面躺着的时候，他可以随意伸展胳膊或踢腿，也可以轻易将头转向某一边看看不同的"风景"，而不需要用胳膊支撑起整个身体的重量来回扭头。如果趴着，即使可能做到这些动作，也很费劲。移动一只胳膊就会让他的头部和胸部更压向地板。所以在他具备足够的协调能力，能够同时使用两只胳膊之前，对他来说，趴着做什么都很难。即使在他能够同时使用两只胳膊的时候，如果要伸出一只手去拿玩具，还是会马上塌下去，这样会让他很有挫败感。

如果宝宝们基本上都是长时间待在婴儿床、婴儿车或者车内安全座椅上，而不是由成人抱着，那么"趴卧练习"可能还有点儿作用。但是，当宝宝以直立的姿势被抱在怀里或背带里，或者依偎在某个成年人的胸前，他们的后脑勺就不会受到持续的压迫，能够保持完好的圆形轮廓。被抱着的时候，他们会自然而然地运用自己颈部和背部的肌肉保持身体平衡。所以，如果你的宝宝大部分时间都被你抱在怀里，那么他根本不需要"趴卧练习"。在他四五个月左右，能够自己学会如何趴着做动作的时候，他的肌肉就已经足够紧实，让他能以这个姿势活动自如。即使那个时候，也没必要将"趴卧练习"作为宝宝的日常安排之一。

通常，宝宝都会比较享受在没有衣服的限制下活动，许多宝宝都喜欢脱衣服胜过穿衣服。很多父母发现每次换过尿布之后或者将要洗澡之前的时间最适合宝宝不穿衣服自由自在地玩一会儿。你可以用一条厚毛巾铺在床上或地毯上，以防止床或地毯被宝宝弄脏，也可以铺在地板上，让宝宝舒服一些。如果天气很暖和的话，你和宝宝甚至可以在外面这样玩一会儿。宝宝光着身子方便他认识自己身体的不同部位，尤其是平时都被尿布包裹住的敏感部位。宝宝在 6 个月左右才能摸到自己的脚，所以在那之前，如果你一根一根摆弄着他的脚趾，嘴里唱着儿歌，他会觉得特别有意思。宝宝会喜欢你在他的皮肤上又亲又吹地接触，喜欢你告诉他这是他的肚子、这是他的膝盖、这是他的耳朵等，或者让你的手指在他全身上下游走，这些都会帮他了解自己身体的各个部位是如何相连的。如果你这样跟他玩的时候他看似很严肃，不用惊讶，因为这些对他来说既是新鲜的刺激和发现，让他们很享受，但同时又需要非常专注。

带宝宝去游泳

带宝宝去游泳能让他有机会感受水的浮力以及身体在水中移动的感觉。如果参加了游泳课，你就有很多其他的家长同伴，可以跟他们交流取经，对如何在水中辅助宝宝更有信心，但除非你想这样做，不然报名参与游泳课程其实没什么必要，因为你的宝宝会教你如何帮助他享受水中的时间。

宝宝很容易感觉冷，所以最好去婴幼儿游泳池，因为那里的水温要比普通游泳池高一些。开始的时候可以找一个人少、安静的区域，最初几次游泳池里的声音和气味都会让他很恐惧，等到他更熟悉、更自信之后就可以自由地想去哪个区域就去哪个区域了。你可以从宝宝6周左右就开始带他游泳，尽管有些父母还是希望宝宝在接种完第一批的所有疫苗之后再带孩子去游泳。

宝宝天生是个科学家

在宝宝眼里，一切东西都是等待他们去检验的玩具。他们有着强烈的好奇心，对颜色、大小、轻重、形状、质地和味道都感兴趣，想尝试所有的东西，看看它们能用来干什么。这样的"调查研究"从宝宝很小的时候就开始了，并随着他的不断成长，势头愈发强劲。4 个月左右，宝宝会开始有意地伸出手去抓东西；5 个月左右的时候，就能够越来越准确地把东西送到嘴边，然后就会认真地探索起来。宝宝鼻子、嘴唇和舌头上的神经末梢极其敏感，能够反馈给他们大量信息，比如，这个东西尝起来是什么味道、闻起来又是什么味道，是软的还是硬的、凉的还是热的，以及它的表面感觉起来是光滑还是粗糙，等等。大约 6 个月大的时候，宝宝可以开始用双手翻转、扭曲手里的东西。这为他下一步用手里的这个东西做一系列其他的试验奠定了基础，比如，用它来捅戳、挥舞、敲打，把它压扁、扔到地上或者扔到远处，又或者放在嘴里嚼，等等，等着看他会做出什么来吧！

对宝宝来说，生活就是一节很长的、充满新鲜感的物理自修课。他还太小，可能不知道什么是牛顿定律，但他有足够的能力发现重力是如何发挥作用的，为什么有些东西掉下去会弹起来而有些就不会，为什么水平面能保持很平，为什么有些东西会沉到水底而有些东西漂浮在水面上，以及为什么大的物体放不进小的孔里。作为成年人，我们都对这些事习以为常，根本不会意识到我们小的时候也是通过反复试验学会这些的。当宝宝倾斜一只杯子或者扔出一个玩具，他并不知道会发生什么，所以需要经过试验来弄明白会发生什么。并且，他需要一遍又一遍地试验才能真正搞清楚倾斜的角度和速度，不同物体坠落的方式，以及什么东西会摔碎而什么东西不会。

电视不能帮助宝宝学习

看电视虽然能够短时间内供宝宝娱乐，但不会对宝宝的学习有真正的帮助，因为它不能跟宝宝产生互动，哪怕他们看的是教育类节目。宝宝主要通过亲自实践和试验来学习，需要自身积极主动地参与。但看电视是被动参与，只有声音和画面，宝宝不能摸、不能抱，闻不到也尝不到他们在电视上看见的东西，也不能控制电视里出现动作的快慢。就算宝宝试图引起屏幕上的人注意，电视画面也不会回应他。所以，在你想休息一下的时候，电视偶尔可以作为一种有效分散宝宝注意力的方法，但总体来讲，宝宝不看电视的时候可以学到更多。

宝宝看东西非常专注，所以我通常都能分辨出伊斯拉对什么感兴趣。如果东西离得比较远，我会抱着她靠近一点儿或者拿过来给她，然后陪她一起看这个东西。她感兴趣的东西都很简单，有可能是树上随风摆动的树叶，或者一张闪亮的彩纸。如果是她可以抱着或者触摸的东西，她会花上很长一段时间来把玩和观察，就好像这张闪亮的彩纸是她见过最美、最珍贵的东西。你需要做的就是安静地待在一旁，不要打扰她。你会发现她非常努力地集中注意力，不放过任何一点信息，我真的很喜欢就这么看着她。

——马克，伊斯拉（5个月）的爸爸

宝宝天生是个探险家

宝宝一生下来就自动开启所谓的"探寻行为"模式，天生的好奇心驱使着他们去探索周围一切能接触到的事物。一旦宝宝会爬或会走，那么他们发现新天地、发掘新事物的机会将大大增加，但在那之前，他还是需要依靠你把他想要拿或闻的东西放到跟前。宝宝会动用自己所有的感官来学习，你给他提供的体验种类越丰富，他会学得越多、越好。但是，也没必要刻意去创造很多超出你承受范围的条件供他学习，你身边的所有事物和每天发生的事情对于他来说就是非常丰富的学习资源。以他的角度来看的话，一切都是崭新的，都值得他关注和探索。以下一些小建议是关于鼓励宝宝探索什么样的事物的：

● **嗅觉**：让他拿着会不自觉开始闻的东西，如鲜花、香皂和食物（尤其是一些有诱人气味的食物，如柠檬、肉桂或浓奶酪等）。

● **味觉**：一旦宝宝能够将东西送到嘴边，就会开始用他的嘴唇和舌头进行探索。（确保他拿的东西不是有毒的或容易引起窒息的。）

● **听觉**：和宝宝一起听鸟鸣声、风吹树叶的声音、音乐或者人们的笑声。他可能也会喜欢能出声的玩具或物件，比如拨浪鼓或者铃铛等，尽管他可能会觉得每次只听一种声音比较轻松。

●**触觉：**宝宝会因事物的不同材质和触感而感到着迷，从鹅卵石和浮石到不同的面料，再到沙子和水。他们也会对食物的不同触感感兴趣，比如西蓝花或者油酥面团。宝宝也会享受皮肤上不同感觉的刺激，比如用羽毛轻轻地扫过。

●**视觉：**你身边的所有事物都可以给宝宝视觉刺激，从模型、图画到动物、建筑物和各种物件。虽然新生儿更喜欢类似于黑暗和光亮之间的强烈反差，但他们也能很快学会分辨细节的不同和细微的颜色变化。

> 很快我就意识到，让宝宝在家里被很多的书和玩具围着，还不如每天带他们出去走走，孩子在外面能学到更多。
>
> ——伊丽莎白，艾莉珊卓（11个月）的妈妈

陪宝宝玩耍

在宝宝成长到可以自己交朋友的阶段以前，你是宝宝第一个，也是最好的玩伴。他非常小的时候，只能完全依赖你给他提供玩的机会。在他能自己抓东西之前，都需要你把东西拿过来给他，供他观察和把玩，随后开

始独自用手里的玩物进行大量的实践和试验，这个时候你一般只需要静静地守在一旁，在他需要你帮助的时候，你再出手帮忙，他也会享受和你一起学习的过程。

在最初的几个月，宝宝大部分时间还是喜欢在跟你的接触中度过，所以他那个时期最喜欢的活动几乎都是和你面对面的互动，比如模仿你的表情、吐舌头、听你说话、唱歌或者被你抱在怀里轻轻地摇着等。但是从3个月左右起，他就开始稍稍显现出一些冒险精神，可能会喜欢：

- 借助你的支撑，跟着歌曲或音乐在你膝盖上做出一颠一颠的动作；
- 玩自己的手指和脚趾；
- 你跳舞的时候把他抱在怀里一起律动；
- 被轻轻地摇晃（像在摇篮里那样）。

大约从4个月起，宝宝开始意识到自己是一个独立的个体，开始与你分离，并明白即使他看不见，很多事物也都存在，这时候他就会开始享受：

- 看镜子里的他（和你）；
- 做一些有紧张和惊喜元素的游戏，比如"躲猫猫"或者"围着花园转啊转"等（但你要非常注意他能够承受这种惊喜的程度）；
- 被抱着飞上飞下；
- 在他肚皮上噗噗地吹气逗他发笑；
- 拍手游戏。

　　一定要特别留意宝宝给出的信号，看看他是否想现在玩耍。有些时候，宝宝正在研究一件令他感兴趣的东西或者正在消化大脑中已然过量的信息，大人却试图让他玩另一个东西。让宝宝自己主导才能保证他的玩耍过程充满乐趣、令人着迷，并能保持在一个让他感到舒服的水平。同时，让宝宝主导玩耍也能培养他给予与获得的意识，你要开心地接受他给你的东西，然后还给他，从而让他知道自己的行为值得表扬，做得很好，并可以期待从别人那里也获得同样的东西。

　　即使非常小的宝宝也会喜欢和大人一起看书。宝宝出生后的一段时间内可能喜欢简单的黑白图像，但他很快就会对彩色和更复杂的图像表现出兴趣。帮助他将图像投射到现实生活中，比如，指着图片上的一只小狗，模仿小狗的声音，将这只小狗和你们自己的小狗，或者你们在公园见到的小狗联系起来，能帮宝宝理解纸张上的图像是对真实事物的描绘。这就是帮助宝宝自己画画、学习阅读和写字的开端。

宝宝不懂分享，只是时候未到

　　宝宝6个月左右的时候，开始对其他孩子感兴趣，并会喜欢在他们身边玩耍。然而，这个年龄段的宝宝不懂交朋友或和别人一起玩，还需要过上几年的时间他们才能明白轮流和分享的概念。他也不会加入哥哥姐姐们的游戏（要帮助大一些的孩子理解这一点）。在宝宝还没有能力理解之前就总是说服他分享自己的玩具和"地盘"，或者让他不要动别人的东西、不要干扰别人的游戏，会让他感到困惑和挫败。实际上，随着他越来越能了解别人的感受，他会自然而然地开始懂得分享。

在唱歌、拍手、做鬼脸或者发出各种有趣声音的简单游戏中，你和宝宝分享的乐趣、兴奋和开心会为培养宝宝交朋友、语言和社交的技能奠定良好基础。这不光是一个享受亲子时光的好方式，也能为他日后的成长指明一个正确的方向，让他向着喜欢和大人交流、懂得和别的孩子分享与玩耍的方向发展。

玩具和其他玩物

许多父母发现婴幼儿似乎总是能从最简单的东西上获得最大的玩耍价值。比如，小宝宝会对一个空的酸奶罐着迷，所有年龄段的孩子都会觉得一个新玩具的外包装比玩具本身更值得玩耍和探索。婴儿也是这样，所以他们自然而然地想要跟身边的一切进行玩耍。日常功能性物件或者一些来自大自然的材料给宝宝的刺激和学习机会不亚于专门设计的玩具，主要是因为这些东西能帮助他认识这个世界，这恰恰是他最需要的。任何安全的、没有潜在伤害的、结实的、坏了之后容易修复或可替换的东西都可以作为宝宝的玩具。

随着宝宝不断长大，他们接触的能供他们好好探索、玩起来没有危险的玩具和物件，要比那些虽然好玩，但他们还不能完全掌控的东西更有玩耍和学习价值。但玩具也不一定非得是专门为宝宝设计的，可以是像橱柜里的杯、碟这样常见的生活用具，但一定要注意，宝宝有可能把任何东西放到嘴里喝一喝、咬一咬，所以不能让他碰到任何不利健康的塑料制品以及其他存在风险的材料。像杯子、碗碟、积木、空盒子以及小木桩这样的物件都有着很大的潜力刺激宝宝通过玩耍和学习来认识世界。

到目前为止，我们的宝宝收到最好的一份礼物就是一套便宜的塑料飞叠杯。从宝宝5个月左右开始，它几乎每天都能派上用场，有时候用来分类东西，有时候用来像盖楼一样叠得高高的，有时候用来收集东西，洗澡的时候还能用来舀水，他特别喜欢这些杯子。

——埃莉，奥斯汀（2岁）的妈妈

在自由玩耍中学习——不怕脏乱

诸如水、沙、泥土和黏土这样的材料对稍大一些的宝宝来说就像磁铁一样有吸引力，以这些为玩耍原料能够开发宝宝的想象力和创造力，也能让他们学会倒水、测量和混合，从而了解重量和体积的概念，然后开始尝试用它们的混合物捏出不同的形状。实际上，宝宝早就开始"自由玩"（Messy Play）了（一种不用顾虑宝宝可能会把自身和周围环境弄得脏乱狼藉，而让他尽情玩耍并且可以学到很多东西的玩耍过程），甚至刚出生不久就开始了。宝宝洗澡时特别喜欢舀水和溅水花，等到四五个月大的时候，就会喜欢被抱到洗手池边溅起水花或者打上香皂玩泡泡；6个月左右起，就开始去发掘水壶、杯子、吸管、汤匙、漏斗和筛网能用来做什么。

让宝宝自由地玩各种食材不仅能让他发现不同的味道，还能大大丰富他的触觉体验。在你做饭的时候让他在旁边看着（或"帮忙"）是让他学习食物的颜色、质地和味道，以及稍大一些的时候学习切开、测量、混合、搅拌的好机会。玩面糊、面团和酱汁能提供给他锻炼揉捏、压平和涂抹酱汁等技能的机会，并且如果他把手放进嘴里，这些材料也没有什么危害。

"自由玩"不光不会鼓励宝宝在其他时间也复制这种越脏乱越开心的做法，反而能教会他们学习如何避免把衣服或者周围的环境弄脏。比如，在洗澡的时候练习舀水和倒水，能让他更熟练地掌握这一操作的技巧和稳定性，所以当他拿起桌子上用敞口杯盛的一杯水时，不会把水弄洒；再比如，用小铲子或小勺玩沙子可以培养他以后使用餐具的技能。

> 我人生中得到最有用的关于养育孩子的建议之一就是停下来问自己："我必须要说不吗？"不假思索就说"不"是很容易的，但仔细想想，那种情况下，或许是完全可以让他们自由发挥的，就算孩子们把手指伸进果酱里或者在水坑里溅起水花又怎么样呢！
>
> ——阿加塔，彼得（4岁）、贾德里克（2岁）和
> 艾薇琳娜（7个月）的妈妈

最初，宝宝可能对新的玩具或物件都很谨慎，会用目光向你寻求确认，看这个东西是否安全，特别是面对容易弄脏自己和周围环境的玩物时。他会非常严肃认真地对待你的表情或你说的话。比如，如果你在处理黏糊糊的东西时做了个夸张的表情或者说了声"呃"，他可能以后在面对相似的东西时都会犹豫要不要去尝试。宝宝有时在做好准备伸手去接触新事物之前，总会需要点儿时间，比如，许多宝宝第一次接触沙子会表现得有些谨慎或抗拒。如果宝宝看到你手里有一种不熟悉的材质的东西，他很可能会想去抓它，但如果他表现得不想这么做也不要紧，不用着急催促他这么做。当时他肯定已经获得了一些关于这种东西的信息，可能下次他再

见到就已经做好准备伸手去摸了。

"自由玩"的防护措施

宝宝沉浸在"自由玩"的乐趣中时，肯定会把自己和周围弄湿或弄脏，或者又湿又脏。如果提前做好防护措施，那么你就可以放心让他去自由享受这一过程了。给他穿一些不怕弄脏的衣服，或者如果很暖和的话，让他光着身子或只穿着尿布玩。如果不行的话，可以给他穿上长袖罩衣或者旧上衣，地板铺上塑料薄膜，让他在这个区域随意活动。

在确保安全的前提下学习

无论是在家还是在外，你家的小小运动员、科学家和崭露头角的探险家都需要在确保安全的前提下玩耍。不要过度保护，但基本的一些防护措施还是有必要的。对宝宝来说，周围的一切都在等着他去探索、观察和体验。他开启探索之旅的时候完全不知道一个东西是干什么用的、有多贵重、有多危险或者有多易碎，也不会考虑到这将制造多少脏乱和混乱，或者你会对结果有多失望，以及你打扫他制造的脏乱要花费多长时间。他只

知道自己在执行一项学习任务，并会本能又竭尽全力地去完成这一任务。为了适应和融入他所在的这个世界，他必须去进行各种探索和学习。他想要了解人们对他的期望是什么，自己应该怎样表现，在这一过程中，他还是需要你的帮助。然而，对于处在这个年龄阶段和理解水平的他来说，还没有能力摸清事物的相互依存或因果关系，也不知道自己可以做什么，不能做什么。

宝宝会自然地想要：

●**触碰有意思的东西**。这包括所有他能接触到的东西，即使（你知道）这个东西可能易碎、危险或者昂贵，他就是想要推一下或者捅一下，看看会发生什么。

●**模仿所见所闻**。如果他看见你使用遥控器或者手机，又或者在喝一杯红酒，他也会想尝试一下。

●**培养和锻炼身体技能**。对于一个小婴儿来说就是练习抓你的项链或头发；对于稍大一点的宝宝来说可能是拿起你的食物或者扯掉摆在书架上的东西。

宝宝的某些行为，比如揪某人的头发，会让人不悦；其他行为，比如不停敲击茶杯，很不安全，但他并不知道这些。他不是不乖，只是对自己的某些做法会给别人造成不便、让人不快或尴尬没有概念。如果你因为这些责骂他，他也不会明白为什么你不想让他这么做，以及你为什么突然生气。所以，如果你提前注意到他可能会碰到什么珍贵的或危险的东西，可以提前把它们收起来。如果宝宝正在做什么你不希望他做的事，不要对他说"不"，可以用别的方式或东西来转移他的注意力。

许多父母回忆说自己的宝宝第一次翻身继而翻滚的时候，他们简直不敢相信宝宝在那么短的时间之内挪了那么远。一夜之间，电线、垂下来的绳线以及可能夹住手指的门都变成了危险源，尽管他只是会翻滚，离会爬还有相当长一段时间。如果你能理解身边的一切对宝宝有着无法抵挡的诱惑，理解他需要很多的锻炼与实践来培养和巩固技能，那么保证你不断成长的小探险家的安全就能变得容易一些。花些时间从宝宝的角度检查整个房子，并提前做出适当的调整。用几分钟的时间在屋子里爬一圈，你很快就能发现宝宝在地板上伸手能够到什么东西。对着每一样你看到的东西，问问自己这会不会伤害到他，如果会，把它收起来（比如垂下来的窗帘绳）或锁起来（比如漂白剂）。如果这个东西没什么危害，再问问自己它是否容易损坏（或溢出），如果坏了会不会有很大影响，如果两个问题的答案都是肯定的，那么还是把它放到宝宝接触不到的地方去比较好。

宝宝在具备了到处移动的技能同时，也学会了如何用手指打开盒子、瓶罐，或者把东西塞进夹缝里，以及按压开关按钮等。你肯定不可能把所有东西都锁起来，所以可以尝试调整一下东西的摆放位置。就拿橱柜来说，可以把不怕摔、不怕敲的东西放在下面让宝宝玩，比如：把平底锅和塑料食品容器放在橱柜下层，你洗碗或做饭的时候宝宝就可以坐在那儿玩。

有一天，我给莉莉-萝丝买了一个新玩具，我真的很惊讶，她似乎在玩的过程中获得了很多，非常满足。我当时想："为什么

我没有早点儿买给她？"好像她总是比我快一步，我刚刚习惯她会做一件事，她已经开始尝试下一件事了，我总是得努力赶上她的进度。

——泰莎，莉莉-萝丝（11个月）的妈妈

随着宝宝不断长大，他会对观察和触碰外面的事物越来越感兴趣，也会想用嘴来接触这些东西。路边的小虫、蜗牛、花朵、树叶和石头都会让小宝宝为之着迷，但同样，狗的大便、打碎的玻璃和蚁穴也会让他感兴趣。为了防止外出玩耍时你的宝宝一心想要探究一些会带来危害的东西，你可以准备一些他非常喜欢的东西来转移他的注意力。

但是，也要相信他有能力承担一点点小风险。父母应该允许宝宝自己判断能做什么，否则总是被束缚、被限制，会让他想要尝试新鲜事物的冲动愈发强烈，强烈到甚至影响他的正常判断。试着从宝宝的视角去看待这个世界，并相信他知道自己的局限，一般情况下，不会刻意去做自己不能做的事情，这样有助于你理解宝宝对想探究某件事物的兴奋，也便于你确保宝宝的安全。

自发自主的玩耍可以随时随地展开，你要帮助宝宝享受探究和学习的过程。辅助他检验周围的环境和探索这个世界就是为了达到一种平衡，既能让他自由地去尝试新鲜事物、培养锻炼技能，又能确保他（和周围一切事物）的安全。在他生活的方方面面，你离得越近，回应得越多，就越能理解和预测他的行为，从而能够让他学习的过程变得尽可能地享受和无忧无虑。这样能为宝宝以后的幼儿阶段乃至儿童时期继续保持好奇心、想去学习认识这个世界奠定良好的基础。

本 章 要 点

◆对宝宝来说，玩耍和学习是一件事情。

◆大多数宝宝玩耍的时候喜欢有人陪伴，但需要按照他自己的节奏和速度进行，太多的帮助会扰乱他的学习。

◆宝宝天生有着强烈的好奇心，他们内心有强烈的欲望和需求去探究身边的一切事物。

◆宝宝不需要多么精致或昂贵的礼物，日常生活中的小物件也能让他非常感兴趣。

◆学习的过程中难免导致脏乱，提前做好准备工作或预防措施，并体会宝宝在自由玩耍的过程中强烈的探求欲望和发现某些东西的喜悦，能让你更轻松地应对最终可能一身脏乱的宝宝或者被他弄得杂乱无章的房间。

◆宝宝会运用自己所有的感官去学习，给宝宝提供体验丰富的室内外新鲜经历的条件，能让他有更多机会去发现和感受学习的乐趣。

◆提前考虑好安全问题并尽可能排除安全隐患或做好预防措施，能让你们更轻松地享受游戏时间。

第9章
照顾宝宝的日常生活

　　宝宝喜欢重复，每天的日常活动也可以给他们带来乐趣。其中的秘诀就是你要跟宝宝一起"共事"，而不是单方面对他"做事"。让他了解现在正在做什么，而不是一味地等着你来做。尝试透过宝宝的眼睛来看待日常育儿工作，了解他们的感受，允许自己被宝宝引导，这能让最普通、最平常的事情，比如洗刷、穿衣、换尿布和出门等，对你们双方来说都变得更有乐趣。

处理大小便

从历史角度来看，使用尿布来应对宝宝不定时的大小便流行的时间还没有太久，许多宝宝并不喜欢。婴儿和所有动物一样，也不愿意把自己弄脏。虽然有些宝宝似乎不介意尿布上带有大小便，但还有一些宝宝则会强烈抗议。大多数宝宝都不喜欢换尿布的过程，尤其是他们非常小的时候。你要对宝宝将要大小便或者已经大小便的表现非常敏感，并找到方法让换尿布没那么费劲，从而让你和宝宝都能感觉到换尿布的过程也可以有很多乐趣。

大多数宝宝都不喜欢裹着尿布。让他们偶尔享受一下不裹尿布的时间有益于他们的健康，可以减少尿布疹的发病概率。如果父母能够学会辨别宝宝想要大小便的表现，这样就能大大减少他们要处理的脏尿布数量，甚至可以不用尿布了。

大多数西方父母都会长时间给宝宝使用尿布，但无论你是一直给宝宝用、偶尔用还是压根儿不用尿布，了解宝宝要排便的信号或表现都能帮你和宝宝实时掌握他的身体节律。最终，他会学会如何用言语来表达自己想要排便。鼓励宝宝分辨自己的身体信号，让他知道什么感觉是要排便了，这样，当你几年之后真的不想再处理脏尿布的时候，他就能像你希望的那样提前表达自己想要排便的意愿，好让你有所准备。宝宝主导的方法能让学习使用婴儿便盆或马桶成为一件毫不费力、顺其自然的事情。

掌握宝宝的排便信号

宝宝想要大小便的信号可能会很微小，但如果你和宝宝一直保持亲密接触的话，也能轻易察觉。最初的时候，大便的信号很好辨认，但小便的信号可能直到宝宝尿出来后才能被发现。

宝宝想大便时可能会：

- 表情扭曲或呈痛苦状；
- 不舒服地扭动；
- 眼神发呆；
- 发出哼哼的声音；
- 突然哭闹；
- 突然停止吃奶。

许多父母说，他们的宝宝会有自己独特的面部表情表示想要排便，只有父母才能明白。但事实上，大多数人看到宝宝小脸憋得通红都会知道他要大便了。

小便前宝宝可能只是稍微扭动身体，或者大腿肌肉绷紧。但即使你在还不能辨认这些信号的时候，你也肯定会注意到宝宝吃完奶或者醒来后很快就会想尿尿，记住这一点，你就能够更轻松地捕捉到他的信号了。

换尿布

每天至少要给宝宝换 6 次尿布。无论你用的是一次性尿布、可循环使用尿布裤还是老式毛巾布尿布，都要站在宝宝的角度考虑一下，怎么样才能让换尿布变成一种愉快的经历。很快你就会发现下面有些建议会适合你和你的宝宝：

● 换尿布的同时，跟宝宝说说你在干什么——让他知道你要给他换尿布了，因为他拉了大便或小便，并在换的过程中随时告诉他，你做到了哪一步。（有些父母会先问宝宝是否想要换尿布。）

● 考虑看看，相比于换尿布的桌子，宝宝是不是更喜欢在地板上或者床上换尿布，这样他就可以左右来回翻身，舒展四肢；或者看他是不是更喜欢在你的腿上换尿布，尤其是宝宝非常小的时候。

● 如果宝宝不喜欢脱衣服，可以给他穿下面方便解开换尿布的衣服，这样你就不用把他的衣服全脱了。（现代设计的宝宝连体衣，新生儿穿着换尿布很方便。）

● 如果换尿布的地方表面是塑料材质，那么可以在宝宝身下垫上温暖的毛巾、布尿布或者厚厚的一层厨房纸。

● 宝宝通常会在刚被放到换尿布垫上的时候小便，可以用一块棉布挡在男宝宝的前面，如果是女宝宝就把棉布垫在下面，这样就不会把大家都弄湿了。

● 如果宝宝的大便粘到了背上或腿上，不要一直用纸巾擦个没完，可以放点儿热水给他洗一下，或者让他淋浴（先用柔软的纸巾或棉布把大便擦掉），这样会舒服些。

●如果你用一次性湿纸巾给宝宝擦身上，一定要在用之前先在自己的胸前试一下温度，有些湿纸巾太凉，如果突然接触宝宝的皮肤会让他感到不适。宝宝更喜欢热水、棉团或绒布的感觉。

●换尿布的时候，宝宝可能会喜欢做一些小游戏，比如对着他的肚皮噗噗地吹气逗他等。

有些父母发现让宝宝"帮忙"换尿布就可以减少自己对宝宝的拉扯，也能让宝宝感觉自己在积极参与这项工作。尝试轻轻按一下宝宝的腿，让他抬起来。如果你能给他时间来慢慢理解这个动作的意思，他就会回应你，把腿抬起来。如果你在做动作的同时每次都说同样的话让他把腿抬起来，他会逐渐对听到的熟悉词语做出反应，把腿抬起来。

> 我一直都在地板上给莎拉换尿布。那就是她的地盘，她会感觉很安全，因为在那儿她不会掉到任何地方去。我在换尿布的时候总会告诉她我在做什么以及我将要做什么，所以她对于换尿布一直感觉是件很放松的事情，没有什么意外之处。这真是美好又亲密的时间。
>
> ——凯斯，莎拉（9个月）的妈妈

不用尿布

在许多文化较为传统的国家，不用尿布是很常见的做法，妈妈们大多数时候都把宝宝带在身边，所以能很快学会辨别信号（或培养起一种默

契），知道宝宝什么时候需要排便。现在这种方法在英国越来越流行，至少现在不是完全依赖尿布了，在英国通常称为"天然婴儿卫生"或"消除沟通法"（Elimination Communication）。这和培养宝宝使用便盆不一样，也不是在宝宝还没有能力的时候指望他通过控制自己的大肠和膀胱肌肉来控制大小便，只是简单地去学习辨别宝宝的排便信号，或者熟悉他的身体节律，知道某些特殊的时间宝宝想要排便，之后做出相应的反应。

有些不给宝宝用尿布的父母从宝宝一出生就开始观察他的排便信号，然后很快就能读懂这些信号和摸清宝宝的大小便规律了；其他父母则倾向于等到过了最初焦头烂额的几个月，他们照顾宝宝能够游刃有余的时候，再开始不给宝宝使用尿布。大多数父母都会选择灵活组合模式，比如出门或者去亲戚家做客的时候就给宝宝使用尿布，在家的时候就不用。如果你决定偶尔或者一直不给宝宝使用尿布的话，要有心理准备，虽然有时候能够准确地辨别或感觉他该排便了，但有时候可能因为没来得及解读宝宝的信号等因素，在你有所反应之前，他已经尿出来或者拉出来了。这种情况可能要持续一两年，之后他就可以准确地告诉你他要大小便。

> 我几乎没有给罗茜用过尿布。如果我抱着她或者她坐在背带里，想尿尿的时候她就会不停地扭动身体，直到我把她抱到可以小便的地方，她从来不会尿床或者在我抱着她的时候尿湿衣服。想尿尿的时候她都会让我知道。
>
> ——苏西，杰克（6岁）、格蕾丝（4岁）和
> 罗茜（17个月）的妈妈

清洗和洗澡

有些宝宝很喜欢洗澡，有些则觉得洗澡很不舒服，甚至害怕洗澡，尤其是在他们很小的时候。对父母来说，对付一个浴盆里又湿又滑还在闹脾气的小不点一点儿也不轻松。但其实小婴儿不需要频繁洗澡，新生儿在第一周左右压根儿不需要洗澡，推迟他们第一次洗全身澡的时间能让宝宝身上的胎儿皮脂（一种天然保湿剂）有足够的时间被皮肤吸收。哪怕宝宝会爬了或者开始吃辅食了，也没必要天天洗澡。真正有必要保持清洁和干燥的是容易发炎的地方，比如脸、皮肤褶皱处（如腋下）和被尿布包裹的部位，以及他会经常用嘴嘬的部位（如手和小臂）。

但从另一个角度来说，洗澡不仅仅是为了保持清洁，也可以作为一种娱乐和放松的方式，同时也是宝宝认识自己身体的好机会。如果你能将洗澡变成让宝宝享受的经历，那么就可以随时洗澡，洗多久都可以，只要你跟宝宝都喜欢。

给宝宝按摩益处多

触摸是宝宝最基本的需求之一，大多数宝宝都喜欢按摩。按摩不光有益于宝宝的皮肤健康、增强神经系统发育、促进血液循环和改善消化系统，还能起到安抚和刺激产生有益激素的作用。所有宝宝都能从按摩中受益，但按摩尤其有益于那些有特殊需求和早产的宝宝，经证实，经常接受按摩的宝宝要比没有被按摩过的宝宝成长得更好，骨骼发育也更健康。

给宝宝按摩没有所谓的正确或错误的方式，只要根据宝宝的提示，在他喜欢的地方以他喜欢的方式重复按摩，如果他表现出不喜欢按摩某个部位或某种手法，避开即可，没什么太大关系。也可以加入一个当地的宝宝按摩小组，在那儿你能获得更多自信，也能见到很多孩子的父母。以下是一些给宝宝按摩的入门建议：

●确定宝宝不饿，房间温度适中，并且保证你们不会被打扰。

●给宝宝脱下衣服，让他躺在稳固柔软的物体上，比如在地板上铺好折了双层的厚毛巾（塑料材质会感觉有点儿冷，也很容易打滑）。

●使用基础、无香味按摩油（不要选择芥末油或坚果油，可能会引起过敏）。将适量按摩油滴在你擦干的手上，双手合十将油捂暖，如果直接把凉凉的按摩油擦在宝宝皮肤上可能会激得宝宝直打寒战。

●开始时可以轻轻地按抚，主要遵循从上到下及从中间向四周扩散的顺序按摩。使用整个手部按摩与指腹按摩相结合的手法，先尝试整个身体循环按摩，使用不同的力道（不要太用力），看看他喜欢按摩哪儿和什么样的力道。每次尽量进行全身按摩，包括每一根手指和脚趾。

●按摩时，保持一只手或一根手指始终不要离开宝宝的身体，这样才能保证你们之间持续的肌肤接触。如果总是把手拿开又放上去，会打断安抚的节奏。

●观察、倾听以及感受宝宝按摩时的反应，并根据他发出的信号及时做出调整，特别是当宝宝似乎想结束按摩的时候。有些宝宝喜欢按摩的时候听你说话，有些则喜欢听你唱歌、哼曲或者保持安静。

●当你准备结束按摩时，把一只手或双手贴在宝宝肚子或后背上，保持几秒钟的时间，作为按摩结束和你的手即将离开他身体的信号。

当然，你可以随时通过轻抚宝宝来安慰他或者跟他交流，但专门安排出来的按摩时间会更有效果。按摩可以抑制宝宝体内压力激素的产生，刺激释放更多能帮助建立亲子情感的有益激素，也是让你了解宝宝的理想方式，还能让你们双方都得到内心的安慰和平静。

宝宝肌肤护理

过多清洗会让宝宝的肌肤变得干燥，尤其是使用香皂或沐浴露之后。大部分为成年人或稍大一些的孩子设计的洗护产品都不适合宝宝使用，因为它们要么具有刺激性，要么香精含量高（或者二者兼有），但专门为宝宝设计的产品也可能导致皮肤干燥。除了头发特别脏的时候，宝宝通常都不需要用洗发液。一些一次性纸巾或湿纸巾也会对宝宝皮肤产生刺激，所以用之前几个小时最好先在宝宝屁股的一小块皮肤上试一下（避开敏感部位）。偶尔使用合适的按摩油给宝宝进行全身按摩有助于宝宝肌肤保持柔嫩。

和宝宝一起洗澡好处多

虽然你可以选择用婴儿浴盆，或者其他的深口盆或桶，甚至厨房洗涤池来给宝宝洗澡，但许多小婴儿都不喜欢这样。大多数宝宝跟父母一起洗澡时会感觉更安全，其实，一起洗澡有很多好处：

- 父母和宝宝都能感到放松舒适。
- 相比于给宝宝在浴盆里洗澡，这样你可以更安全地抱着他。
- 这是肌肤接触的好机会。
- 在大浴缸里水的保温时间更长一些（并且你很容易察觉宝宝是否觉

得冷了，并随之调整水温）。

●你可以用双手给宝宝洗澡或做全身按摩。

●让宝宝仰卧在你的大腿上洗头比他在浴盆里（或者被抱在洗涤池边）洗头更方便，也更舒服。

亲子浴可以让母乳喂养更轻松。实际上，和宝宝一起洗澡有助于解决某些常见的哺乳问题，比如乳头含接困难或者拒乳等。为了能更安全、更轻松地享受共浴，最好有其他人在旁帮忙。这样，在你已经身在浴缸里的时候，他们可以给宝宝脱好衣服把他递给你，待你给宝宝洗完之后再让他们给宝宝擦干身体（好让你有机会使用成人沐浴产品，并多享受一会儿沐浴的感觉）。如果没有其他人帮忙，可以在浴缸旁放一个低矮、稳固的小桌或婴儿提篮，这样方便你把宝宝抱进抱出，还不会打滑。可以参考以下步骤：

●你脱好衣服之后再给宝宝脱衣服，然后用浴巾把他包起来放在浴缸旁边安全的地方（可以用一只手扶着他防止他翻滚）。

●你先进入浴缸，然后解开宝宝的浴巾把他抱进来。

●当你们洗完以后，将宝宝抱出来放到他的浴巾上，你起身出来后马上给他裹好，然后快速给他穿好衣服以防感冒。

一旦宝宝不用别人扶也能自己坐直之后，他可能就会喜欢独自享受在大浴缸里洗澡，那也是他用杯子、漏斗和筛网来学习舀水、倒水、测量等技能的理想场所。当然，有的宝宝喜欢与父母共浴的习惯还会再持续几年。

我大女儿小时候特别讨厌洗澡，给她在浴盆里洗澡总是得费一番工夫。后来有小女儿的时候就有经验多了。我会让她跟我在浴缸里一起洗澡，我已经能掌握什么样的水温比较合适，当然如果她感觉太烫或凉了也会让我知道，她非常喜欢这样洗澡，我也能看出她在洗澡的过程中可以学到很多。

——胡安娜，艾米莉亚（5岁）和丹尼埃拉（11个月）的妈妈

让宝宝享受洗澡的小贴士

无论你怎么给宝宝洗澡，都有很多方法让宝宝在这个过程中感到享受和舒适。这里有一些小建议可供参考：

• **让宝宝保持温暖。**宝宝很容易感冒，尤其是他们身上湿着的时候。开始洗澡前，确保室内温暖，没有对流风，让水温保持在37℃（人体标准血液温度）或者更高一些，如果用手腕内侧测试水温的话，感觉让人舒适的温暖程度就可以了。让宝宝大部分身体都处在水下，或者在他背上或胸前披上柔软的浴巾，让他保持温暖。

• **注意观察他的反应。**慢慢地将宝宝放进水里，让他有时间消化和适应正在做的事情。发现他的喜好，比如，他是喜欢你跟他说话、陪他玩还是唱歌给他听。他或许喜欢溅水花、喜欢轻轻拨水或者往自己身上浇水。如果他看起来不怎么享受这次洗澡，你也不能很好地安抚他的话，就把他抱出来好了。

• **洗澡之后帮他放松。**可以抱他一会儿，给他做个按摩，或者给他喂奶。

穿戴和脱衣

　　父母给宝宝穿戴和脱衣时，宝宝不配合的情况非常普遍，特别是当宝宝长大一些，有能力反抗父母的时候。如果把这个过程变成宝宝能够参与的、比较享受的事情，那么父母和宝宝的"穿脱战争"就可以避免。让宝宝从最开始就自己决定要穿什么，会让他们感觉自己对这件事很有发言权。即使是很小的婴儿，也会伸手去抓他们喜欢的某个颜色或质地的衣物。（但是太多的选择会让宝宝眼花缭乱、不知所措，所以最好给他提供2～3个选项即可。）如果你一定要让他穿戴某一件衣物的话，比如冬天一定要让他戴帽子，那么就让他来选择戴哪一顶，这样对他来说比较容易接受。有些父母还发现，让宝宝对着镜子穿衣服，他会比较开心。给宝宝穿脱衣服的时候多跟他说太冷或太热的感觉，能让他明白衣服和保持舒适体温之间的联系。

　　如果宝宝穿上衣服后看起来很不高兴，而你又不明白怎么回事的话，检查一下是不是穿的衣服让他不舒服了：看看是不是肩带掉下来了，还是给他穿了像牛仔布等面料较硬的衣服，限制了他的活动让他不开心，又或者是厚厚的羽绒服让他的手肘和膝盖没法弯曲。腰带扎到宝宝的肚子会引

起疼痛，尼龙搭扣通常会引起宝宝刺痒。检查宝宝的袜子和衬衣裤的内里是否有问题，再看看婴儿服的裤脚，因为上面的松紧绳可能会缠住宝宝的脚趾，妨碍血液流通。

宝宝的脚部护理

光着脚比穿鞋对我们的脚部更好，对宝宝更是这样，无论他们是否已经能够走路。所以如果室内足够暖和的话，最好让他光着脚。很紧的袜子和连体衣裤会压迫他的脚趾（以及损伤他尚且柔软的脚骨）。如果宝宝的腿伸展时已经到了婴儿服的底部，那么说明这件衣服已经太小了，如果肥瘦还很宽松，可以让宝宝继续穿的话，可以把脚部剪掉，冷的时候给宝宝穿上袜子或者毛线鞋就可以了。

穿脱技巧

有的时候你可能会感觉一整天都在给宝宝穿衣服、脱衣服中度过。所以尽量选择方便快速穿脱的衣服，这样能让宝宝感觉舒服些，也能节省时间，让你和宝宝都不那么烦躁。比如，选择领口有五爪扣（按扣）的衣服，这样就不用让宝宝的头挤进一个又小又紧的领口了，很多宝宝都不喜欢这样挤来挤去。同样，你也可以选择至少一侧有一排五爪扣一直延伸到宝宝膝盖以下的婴儿服，这样能大大减少给宝宝穿衣服和换尿布时的折腾。

给宝宝穿脱衣物的方式能在很大程度上决定宝宝是否享受这一过程，下面有一些小技巧，或许能帮到你们：

● 给宝宝换尿布的时候，可以边换边告诉他你在做什么，并给他机会来帮忙，比如让他抬起胳膊（要给他时间反应），这能让他感觉自己真正参与了这个过程，尽管可能要多花一点儿时间让他明白你在让他做什么。

● 如果套衫或T恤的领口开得不够大，那么要把衣服先套在宝宝头上，然后两边同时向下拉过面部，这样能保证不伤害宝宝的喉部。如果要脱掉的话，先把套衫向上提起，两边同时拉过宝宝面部，这样对他来说比较舒服，同时还能减少衣服遮盖宝宝面部的时间。

● 给宝宝穿袖子也不简单，他小小的手指还很脆弱。在他会自己伸手穿袖子之前，要告诉他你需要他抬起还是弯曲胳膊，然后把你的手从袖口伸进去，轻轻握着他的手往外拉。

● 如果是连体服的话，先让宝宝的腿进去。如果先让宝宝的胳膊伸进袖子，再使劲弯曲宝宝的腿伸进裤腿里会很难，也会引起宝宝不舒服。

不能穿太多

天气冷的时候，你的第一要务是帮宝宝保暖，但一定要注意，如果穿得太多、裹得太严，宝宝很容易热着，就像他很容易受凉一样。冬天，许多商店和咖啡厅都出奇地热，如果宝宝穿着厚厚的羽绒服进去，很快就会感觉非常难受。在汽车、火车里也是一样，一旦暖气开起来，就和家里一样热。

特别小的婴儿不是总能向父母传达他的不舒服，他可能会陷入沉睡，然后变得越来越热；稍微大一些的宝宝则可能表现为折腾或哭闹，但父母很容易将这样的行为解读成不想被抱着或者待在婴儿车里，而想不到其他方面的问题。其实，只要解开宝宝的外衣，摘掉他的头巾或帽子就行了。有些宝宝经历过这种痛苦的过程后，会把穿得一层又一层跟不舒服的感觉联系在一起，因此出门之前不愿意穿衣服。如果宝宝不会自己走来走去，那么带他出门的时候选择给他披上方便解开的厚毯子或厚披肩要比给他穿上厚厚的外衣或羽绒服要好一些。

有些父母发现了一个好办法，那就是用背带抱着宝宝，只给他穿着在室内穿的衣服，然后自己穿一件大外套将两个人都裹在里面，父母的体温能让宝宝保持温暖，并且如果他身体热起来的话父母很容易感觉到。

带宝宝出行

父母们会用多种不同的出行工具带宝宝出门，有可能是步行、开车、使用背带，也可能用车推着他，这要取决于宝宝的需要和喜好，以及当时的实际情况。最常用的出行工具是背带、婴儿车还有车内婴儿安全座椅。

背带出行

很多父母都觉得带宝宝出门最实用的方式是用背带抱着或背着他，这样双手都能解放出来，还能保证宝宝温暖又安全。在购物、乘坐公共交通工具或者去拥挤、有台阶的地方时，使用背带要比推着婴儿车方便很多。

相比于安全座椅，许多宝宝更喜欢坐在背带里。这当然很好理解：通常热闹喧哗的地方会让小婴儿觉得害怕，在背带里贴着父母能让他感到安心，在他有什么需求的时候也能很容易引起父母的注意。稍大一些的宝宝相对好动，喜欢去各处探索，所以不喜欢被长时间束缚在一个地方。你可以偶尔用背带带着他，让他贴着你的身体，然后在他非常想坐在固定座椅上的时候把他放下，这样对他来说有个调剂，更容易接受。

带着宝宝在室内散步益处多

用背带背着宝宝在室内散步有很多好处，尤其是在宝宝出生后的前几周或前几个月，以下列举的是部分好处：

- 这样背着宝宝，不用做额外的工作就能安抚他，或者哄他睡觉。
- 宝宝有任何需求你都可以第一时间发现。
- 有机会近距离观察宝宝的动作，倾听他的声音。
- 你始终知道宝宝安全地待在你身边（而没有被他的哥哥或姐姐欺负，或者被家里的猫坐在身下）。
- 如果有急事要马上出门，你可以抓起大衣（把两个人都裹进去）就冲出门去。

　　我第一次带塞西莉亚出门的时候是用新买的婴儿车推着她，当时觉得妈妈带宝宝出门就应该这样。但我感觉她离我那么远，想让她离我近一点儿，我敢肯定她也想离我近一些。所以从那以后，我就把婴儿车扔在家里不用了，每次都用背带抱着她出门，再带上一个小包，装点尿布和纸巾，这些就够了，这样感觉很好。

　　　　　　　　　　　　——玛蒂娜，塞西莉亚（2岁）的妈妈

　　背带分很多种：环扣式、布包式、袋式和婴儿软背巾等。有些只能让成年人以一种或两种方式穿着，有的则可以前穿、后穿和侧穿，如果按照抱宝宝的方式，还可以分为纵抱式和横抱式。功能最多的应该是DIY包裹式背带或背巾，根据宝宝年龄的不同，可以有多种不同的穿法或系法。能像摇篮一样将宝宝抱在身边的横抱式背带最适用于刚出生没几周的婴儿，尤其是母乳喂养的婴儿。如果倾向于纵抱式背带，请尽量选择能让宝宝跨坐（或者"蛙式坐"）的背带，这样的背带能让他双腿分开，膝盖弯曲（稍高于臀部），避免婴儿双腿下垂，髋关节受压。

　　宝宝在背带里的时候，父母一定要将背带穿在身上，而不要放在某个地方，这样才能让宝宝紧紧地和你贴在一起，确保背带支撑着他的背部，并保证呼吸不受阻（过松的背带或者婴儿袋不是太安全，尤其对5个月以下的宝宝来说，因为他们还不能让自己的头部和身体保持直立）。为了保护你自己和宝宝的背部与颈部，要让宝宝的头稍高于你的胸部（或者等他大一点儿采取后背式的时候，让他的头稍高于你的后背），不要在腰部附近。你应该恰好能亲到宝宝头顶才行。这个姿势能保证你可以看到他的脸，知道他是安全的，也能防止他的下巴紧贴胸部，导致呼吸受阻，尤其是他睡着的时候更要确保这一点，而宝宝在背带里是很容易睡着的。下面是一份用背带带宝宝出行的注意事项清单：

确保背带里"小乘客"的安全

为了确保你用背带背着宝宝的时候两个人都能既舒服又安全，首先要确保做到以下几点：

- 宝宝在背带中的高度要足以让你轻易亲到他的头顶；
- 让宝宝始终在你的视线范围内；
- 让宝宝和你的身体紧紧贴在一起；
- 让宝宝下巴抬起，离开他的胸前；
- 让宝宝大腿分开，膝盖弯曲，呈蛙式坐姿（如果是纵抱式背带的话）。

一旦宝宝能够支撑自己的颈部和头部，你就可以采用后背式。但也要确保足够的高度，让他双腿分开坐在托垫上，即使看不见他也亲不到他，也要确保他贴紧你的背，如果是软背巾，要系紧。

还有一种背带，能让宝宝面向前面坐着。但是，宝宝很小的时候很容易被外面的新鲜事物过度刺激，如果面向前坐，当他承受不了的时候就没法依偎在你怀里。此外，面向前方坐在背带里让宝宝的脊椎无法保持正常的弯曲弧度，当然，如果宝宝已经可以独自坐立，这一点就不那么重要了，但那时你又会发现背在侧面或后背的背带更方便。

许多生了双胞胎的父母都说，如果生了不止一个宝宝的话，背带是必不可少的。的确，有些背带可以同时带两个小宝宝，但使用背带对他们来说真正的好处在于，让心情较好或者正在睡觉的一个坐在背带里，可以腾出手来安抚哭闹的那一个；或者父母二人可以一人背一个。如果你要一个人带孩子出门，可以让一个宝宝坐在背带里，另一个推着，这样只要推一个单人婴儿车就可以了，比双人婴儿车方便一些。但如果你家里还有一个稍大一些的孩子，就只能让一个坐在背带里，另外两个坐在双人婴儿车里，这样大一些的孩子累了或困了也就不成问题了。

有些父母会同时穿两个背带背着双胞胎宝宝或者一大一小两个宝宝，实际上，不一定要使用两个同样的背带，可以使用不同的背带，这样不会互相妨碍。你可以把一个宝宝抱在前面，另一个背在后面，或者在你身体一侧一个。重要的是确保每个宝宝都得到了正确且有力的支撑，也要尽量保证你的背部受力平衡。你可能需要试验几次才能发现先穿哪个背带或先抱哪个宝宝好一点儿。

如果可能的话，可以先尝试一下各种不同的背带，然后再决定哪种款式最适合你和你的宝宝。一些母婴团体会举办关于背带选择和使用的交流会，你可以去和用过不同背带的父母取取经，听他们说说某种背带有哪些优点。当然，网络上也有很多参考信息。如果为了防止需求出现变化，你现在还不想过早决定只用哪一种背带，又或者你和你的另一半喜欢不同款式的背带的话，可以多买（借）几种回来。

我以前经常用背带带着安娜，那样我在做别的事的时候她也能听见我的声音、看着我的脸、闻着我的气息。大多数做饭的时

候，她都是坐在背带里依偎在我胸前。每天下午我们会出去散一
会儿步，呼吸一下新鲜空气，然后她就会睡着，睡着后我就把她
放进婴儿车里，但我还会穿着背带，因为这样她如果闹的话我就
能及时把她抱起来再放进背带里。其他两个孩子小的时候我也是
这样做的。

——伊冯，安娜（6岁）、卡拉（4岁）和
米娅（1岁）的妈妈

婴儿车和安全座椅

尽管宝宝很多时间都会待在背带里，但有时也会需要坐在座椅上，比
如乘车去某个地方的途中。一些父母更喜欢使用婴儿车，尤其是宝宝长到
稍大一些的时候。

婴儿车或儿童车的种类以及使用方法会直接影响宝宝是否喜欢待在
里面。有些婴儿车可以调换方向，既可以让宝宝面对着父母也可以背对着
父母，但还有些婴儿车就只能固定一个方向。即使坐在婴儿车里，宝宝触
摸不到自己的父母，大多数宝宝也还是喜欢能看着父母，因为这总比向着
外面，看着来来往往、迅速变换的陌生人和风景要好，研究表明，面对着
父母有助于培养他们的语言技能。等到宝宝长大一些，能够自己坐起来偶
尔扭头看看推自己的人时，他们可能会喜欢面向外面坐，但对于太小的婴
儿来说，看不见自己的父母会有些害怕，他们会觉得不在视线范围内的人
就是永远地消失了，尤其是当天气原因让你不得不把婴儿车的顶部和侧面
都遮挡起来，让你们之间无法交流的时候。如果你用的是面向外面的婴儿

车，尽量一边走一边跟他说话，不时把头探过来好让他能看见你的脸，这样能让他安心。确保你停下来不走的时候让他能看见你。如果可以的话，让他引导你，看看他自己喜欢面向哪一面，也要做好随着他不断长大，可能会改变喜好，从而不止一次地调整面对的方向的准备。

异常反应

随着宝宝眼睛可以聚焦的范围不断扩大，他们会开始注意到以前没注意过的事物。或许之前宝宝和你一起去过几次当地的购物中心，但某天再去的时候你会发现不知道为什么，他会被发亮的灯、嘈杂的声音和拥挤的人群吓到。类似的情况还有——宝宝以前坐在背带里到过一个地方，但是第一次坐在婴儿车里来这个地方的情况又有所不同，在婴儿车里视野完全不一样了，他也由于离开了父母的怀抱感觉很脆弱。这个时候，尽量给他时间让他学习接受新鲜的事物，如果他想摸一摸的话就帮他完成，同时把他抱在怀里，好让他能重拾信心，同意继续坐回婴儿车里。

婴儿车和安全座椅的设计也会影响宝宝的身体健康。对于一个还不能自己坐立的宝宝来说，设计成让宝宝跌坐在里面、下巴贴着胸部的婴儿车不利于宝宝的骨骼发育，也会阻碍宝宝的正常呼吸。如果你的宝宝正在使用这种婴儿车或婴儿座椅，除非不得已的时候，不然不要让他长时间待在里面。将整个座椅调节成后仰的角度可以让宝宝呼吸更顺畅，但座椅和支座之间的角度会限制宝宝髋关节的动作，最终可能导致在没人帮忙的情况下宝宝只能长时间保持一个动作。

　　许多父母发现传统的平躺式婴儿车或儿童车更适合在孩子很小的时候使用，因为这种设计能让宝宝安全且舒适地想睡多久就睡多久。而大一些的孩子通常也会喜欢这种设计，因为他们可以自行坐起或躺下（有安全带的保护），而不用被绑在座椅靠背上。总的来说，宝宝能有越多的空间和自由，他就越不会拒绝待在里面，这也能让你们双方都轻松一些。

帮助宝宝适应安全座椅

　　有些宝宝很喜欢坐安全座椅，有些开始抵抗情绪很强烈，坐下之后也能安静下来，还有一些宝宝始终都很讨厌安全座椅（尽管汽车一开动起来他们也会入睡）。许多宝宝都对安全座椅有一定的抵触情绪。下面为大家提供一些小建议，希望能让宝宝的乘车旅途尽可能轻松愉快：

　　●允许自己花一些时间哄宝宝坐进安全座椅，同时可以跟他说话或唱歌给他听。

　　●请宝宝帮忙来系上安全带，或者把这当成一个小游戏，以免让他觉得自己被推来拉去的。

　　●对于很小的婴儿来说，最好等他熟睡以后再放进安全座椅，但要确保车内温度适宜，不然他突然离开父母的身体，会因为发冷而醒来。

　　●尽量将安全座椅安装在让宝宝能够看见你的位置，如果座椅固定在车后座，可以借助专门为这种情况设计的婴儿汽车镜的帮助。

●途中跟他说话或给他唱歌，安全的情况下跟他进行眼神交流。

●路程比较长的话，一定要在你停车休息的时候把他也抱出座椅调节一下。

●永远不要把宝宝一个人留在车里，哪怕他睡着了也不行，一旦他醒来看不到你，会觉得非常害怕。

我们一直给斯坦用平躺式的婴儿车，直到他 1 岁左右，他伸直身体的时候已经刚好和车身一样长了。我们认识的大多数那个年龄段的宝宝都已经在使用坐卧式婴儿车了，就是有座位的那种。但我们还坚持给斯坦用平躺式的，因为这样他就不用一直保持一个姿势不动。他的平躺式婴儿车上有一条小安全带，但有空间给他来回扭动、平躺或侧卧。后来他会自己坐了，就常常坐起来玩玩具。有时他也会面对着我们，我们就会不停地跟他聊天，他很喜欢待在他的婴儿车里。

——罗宾，斯坦（15 个月）的妈妈

太多事情宝宝是没有能力掌控的，他们无法选择不跟着父母去商店或者决定奶奶什么时候来家里。就算他们能够翻身或爬行之后，也决定不了自己要坐在哪儿、睡在哪儿或者在哪儿玩。尽量给宝宝提供一些选择的机会，在给他穿衣服带他出去的时候告诉他这些信息。这样能帮他认识自己是谁，让他感觉对发生在自己身上的事情有些发言权。

本 章 要 点

◆父母跟宝宝的任何互动都是他学习的机会，即使重复性的动作也可以变得欢乐和有趣。

◆让宝宝自己做决定并参与到他的日常护理中，这能让日常基本育儿任务变成一个享受的过程，也能减少宝宝的抵触情绪。

◆掌握宝宝的身体节律和信号，能够帮助你预测宝宝什么时候要大小便，也能自然而然地培养他使用儿童便盆或马桶。

◆洗澡并不仅仅是为了保持清洁，也可以成为很有乐趣的活动，尤其是亲子共浴。同时，这也是宝宝认识自己身体的好机会。

◆按摩是跟宝宝交流的一个很好的方式，能让你和宝宝身心放松。

◆婴儿背带是带宝宝出行的绝佳方式，方便宝宝舒服且安全地睡觉、吃奶以及观察周围的一切。用背带带宝宝出行的时候，请先阅读背带使用注意事项说明书。

◆宝宝坐在安全座椅或者婴儿车里的时候，尽量让他看见你的人和听见你的声音，这样才能让他享受出行过程。

第10章
适应父母的新角色

晋升为父母就意味着要面对许多巨大的变化，要为了突然多出来的新成员调整自己原有的生活方式，而且，这个新成员的需求跟你们的需求相差甚远。本章将会讲解如何适应有孩子之后日常生活中的一些现实情况，如何照顾你们自己以及获得他人的帮助，让自己更好地胜任新的角色。同时也会讲到，如果你有时不在宝宝身边，不管时间长短，都需要让其他人来暂时照顾宝宝的日常生活。

宝宝主导育儿法
Baby-led Parenting

生活的改变

在经历了前几周的兴奋与紧张之后，许多父母发现要适应这样的新生活真的很艰难，尤其是如果这是他们第一个孩子的话。完全适应为人父母的身份转变比他们想象的时间要长，尤其是许多新晋妈妈在产后数周都会感觉情感脆弱或者仍有些不知所措。经历过难产或分娩创伤的女性，以及那些经历了与她们想象中完全不一样的分娩过程的女性，甚至需要几个月的时间才能在心理和情感上完全康复。有些新妈妈经过了一段时间频繁收到慰问及祝贺的花束和卡片，以及接待接踵而至的探望者后，不知道还有什么在等着她们。对于很多新妈妈来说，意识到这个小生命以后要一直跟她一起生活了这件事情本身就会让她们一时间难以接受。

我觉得前几个月真的非常难，我的情绪一直很低落。本杰明完全改变了我原有的生活，但我拒绝接受这种改变，当然现在看来，当初我的拒绝让那个过程变得更难。

——莉娅，本杰明（11个月）的妈妈

在宝宝出生后至少前几个月，也有可能是前几年，主要都由父母中的一位照顾，通常是妈妈，另一位则继续在外工作打拼。无论是打算暂时还是永久性做一位全职妈妈或全职爸爸，对于一个曾经过惯了忙碌的工作生活的人来说，都很难适应。有些父母会想念他们的工作生活以及同事，随之产生一种深深的失落感和孤独感。还有许多父母前几个月待在家里感觉像是身在监狱，眼巴巴地盼着能尽快回归正常生活。

有宝宝之后的改变会带给你怎样的影响，很大程度上取决于分娩之前你做的计划和预期，以及你为了迎接新变化做了多少准备。大多数父母发现，一旦他们认识到现在的生活永远不会回到以前的样子了，就会比较容易接受这些变化。这样他们可以卸下心理包袱，开始寻找方法适应新的角色，专注于照顾宝宝并激发自己的母性或父性，或者敦促自己朝着想成为的那种父母努力。

> 我还记得艾琳6周大的时候，我去参加之前的产前小组聚会，每个人好像都因为刚有了宝宝过得不怎么好，但我真的很享受。前几个月一眨眼就过了。我觉得主要是因为我早就做好了我的生活会改变的准备，并且我一点儿也不想念工作，反而非常享受那种全新的慢节奏的生活。
>
> ——弗朗西斯卡，艾琳（7岁）、苏菲（4岁）和
>
> 梅根（6个月）的妈妈

有些在家照顾宝宝的父母承受的"回归正常生活"的压力通常来自朋友和家人，这些人乐此不疲地鼓励或者"怂恿"新父母请一个保姆照顾宝

宝，晚上出去放松一下，或者主观断定新父母肯定想回去工作。但新父母们会惊讶地意识到自己的生活重心已经变了，不再想花时间做以前那些经常做的事情了，这同样也会让他们的朋友感到惊讶。

作为新父母，偶尔的确会想把宝宝留在家里，自己出去放松一下，但那只是当你遇到一些困难时即时的想法。而从各种媒体、舆论涌来的压力都在逼你回到过去的生活，好像如果你不这么想，或者只专注于满足孩子的需求，而不力求找回原来的自我的话，就会让其他女性失望一样。因为那样的话你就只是个"妈妈"而已。

——安娜，蒂莉（2岁）的妈妈

在适应父母身份的过程中，你肯定会发现安排每天的日常生活都要再三考虑，继续有宝宝之前每天做的事外加照顾宝宝，肯定是不现实的。大多数新晋父母发现，一家人坐在一起吃顿饭甚至都成了奢侈的事，更别说回复手机信息或者保持房间整洁了。以前经常跟朋友见面聚会，现在也很难如期赴约了，因为你有太多事情要做：换尿布、喂奶、带宝宝出门散步等，这很容易让你感觉似乎永远无法将所有事情兼顾。然而，许多父母发现，降低自己的预期，不要奢望过多，生活会变得轻松一些。进行一番心理调整，设定容易实现的小目标，不要过分在意房间的脏乱。当你成功完成某件小事的时候，拍拍自己的肩膀以示表扬和鼓励，千万不要因为没能做到什么就苛责自己，这样能让你生活中的每一天都变得可掌控，也更容易获得成就感，从而使日常生活变得更加轻松愉快。

从米奇6个月大开始，我就一个人全天照顾他。妮可上班走之前会给他喂一次奶，然后我们就开启两个人的探险之旅。我很喜欢带他去公园，看着他对一切都充满好奇的样子。跟宝宝在一起的每一天都因为这些平常的小事而非常充实。我并没有制订过什么日程表、计划表，只是根据他每天睡觉、吃饭的需求随机安排，似乎渐渐自然而然地形成了每天的日程。其实我做的不过是回应和满足他的需求而已。随着米奇不断长大，这些日常安排也会随之改变，一些旧的日程自然会被新的日程代替，因为他有了新的需求。我只是跟从这些改变，顺其自然而已。

——本，米奇（5岁）和山姆（16个月）的爸爸

照顾自己

为人父母是一项艰巨而辛苦的工作，许多父母都说这是他们从事过最艰难的工作。所以要注意在照顾好宝宝的同时，也要照顾好自己。如果你始终将自己的需求置于最后，那么你会感觉一切都变得更难了。本来你似乎不可能因为什么事情忘记吃喝这种基本需求的，但成为父母之后，你可能会经常发现已经下午4点钟，但你除了早餐什么也没吃。尽量在家里储备一些方便即食的食物，在坐下来给孩子喂奶的时候能随便拿点儿来吃，

这样你才能保持精力充沛。

照顾宝宝期间，我们建议宝宝白天小睡的时候你尽量也睡一会儿，这样可以弥补你夜间无法安睡而缺的觉。当然这并不总是能实现，因为你还有很多其他事情要去做（尤其是在你还有其他孩子的情况下）。还有一种建议就是趁宝宝睡觉的时候抓紧时间赶紧做些家务。然而，宝宝醒着的时候并不是时时刻刻都需要父母什么都不干、专注于看着他们，他们需要的只是待在爸爸或妈妈身边。也就是说，只要你的宝宝能看见你、听见你，他会很喜欢看你在做别的事情。有些宝宝喜欢父母跟自己说话，你可以跟他说说自己在做什么，让他感觉自己也参与其中。还有一些宝宝（尤其是很小的婴儿）仅仅是需要身体跟父母离得近，所以爸爸妈妈做家务、整理园子、自己制作一些物件或购物的时候把他抱在背带里，他就会很开心。宝宝会让你知道他需要什么，但其需求可能每天都会变化。在宝宝醒着的时候做一些基本家务能为你节省时间，好让你在喂他吃奶的时候可以放松一会儿，或者在他睡觉的时候打个盹（家里其他孩子允许的情况下）。

> 我选择首先做好一个妈妈，而不去把保持房间整洁这些事看得很重。因为老话说得好：一眨眼孩子就长大了。所以照顾孩子是第一位的，其他的事都要为这件事让路。我珍惜和孩子在一起的每个瞬间，时间真是过得太快了。
>
> ——艾米莉，克拉拉（5岁）和苏西（1岁）的妈妈

一旦你有了孩子，一些以前不以为意的小事可能都需要有点儿计划性，比如早上冲澡或者上厕所等。总体来说，做别的事情的时候把宝宝带

在身边，哪怕他在睡觉，也要比急急忙忙抢时间离开他去做好多了。大多数情况下，当他意识到父母在身边的时候会显得心情很好，如果他需要你停下手头的事情，你也能更清晰地感觉到他的信号。许多父母发现，如果离开宝宝，每次宝宝在另一个房间叫他们的时候，他们就会在两个房间之间跑来跑去，很快就会变得又沮丧又疲惫。

一些新晋父母发现，如果想要顺利撑过漫长的一天，而且晚上还能感觉生活不是那么没有滋味的话，可以发掘一些自己喜欢做的事情，让自己舒缓一下。有些人喜欢出去透透气或者做些锻炼；有些人喜欢见见朋友或者把所有要洗刷的东西全部搞定；有些人则喜欢读上半个小时的书或者泡一个放松的热水澡，等等。在满足宝宝需求的同时也做一些能让自己喜欢和放松的事情（当然或许会需要另一半或者朋友的帮助），能让你挺过哪怕最难熬的日子。

> 爱丽丝小的时候，我只能在她睡着的时候冲个澡，但她只有在背带里才能入睡，还得是在室外。所以我早晨第一件事就是穿着浴袍把她抱在背带里，在家外面的小花园来回散步，哄她睡觉，然后我就可以去冲澡了。
>
> ——玛莎，爱丽丝（13个月）的妈妈

维护有宝宝后的夫妻关系

成为父母之后，尤其是首次荣升父母，将会给你们的夫妻关系带来诸多变化。有些变化可能有助于增进夫妻关系，有些则需要磨合消化，好让

两个人能继续亲密地在各个方面支持着对方。成为父母之后会产生一系列意想不到的情绪波动，而关于照顾孩子方面的重要事情，让夫妻二人对对方的需求每天都在变化。房事不如过去频繁，"性"趣也不再同步（照顾宝宝一整天，到了晚上很容易感觉身心俱疲）。此时应该多跟对方沟通，告诉对方自己的感受，避免或解开误会和记恨，让两个人能够分享和分担育儿过程中的快乐和挫折。

过了一段时间我意识到，必须要抽出时间做夫妻该做的事，如果把所有时间都用在照顾孩子上，那么夫妻关系会变得非常紧张。你不必满足孩子的每一个要求而不考虑自己的需求，这是一种平衡，当然对不同的人来说，平衡的点也不同。

——尚泰尔，麦迪逊（14个月）的妈妈

获得其他人的帮助

当你全天在家带孩子的时候，通常会感觉自己被隔绝、被抛弃了。不用惊讶，人本来就是社会人，需要和他人一起生活，希望在大家庭的环境中养育自己的孩子，而不是一个人孤立无援。一个刚出生的小婴儿不能算是一个好的伙伴，尤其是如果他还没学会怎样微笑的话。许多父母发现，如果自己一个人跟宝宝长时间待在一起，那么父母与宝宝之间、夫妻之间的关系都会变得着实令人担忧。偶尔和其他人待一待、聊一聊，能打破有了宝宝以后的这种生活的紧张感，也能给你们机会分享自己的心路历程。当你觉得一切都很难的时候，跟一个能让你重新找回

"宝宝蜜月"时那种被呵护的感觉的人待在一起,这是一种非常宝贵的充电方式。

　　孩子的祖父母或外祖父母就是绝佳的人选,他们有丰富的经验可以传授,也能帮助新晋父母从一个更广阔的视角看待育儿工作的日常困难。但另一方面,他们可能也会发现自己很难在宝宝出生后马上适应有了孙辈后的新角色。很可能整个家庭的关系都需要进行调整,这会有些难度,也需要些时间来完成。你可能会发觉你的父母或公婆着实花费了一些时间来找到辅助和干涉之间的平衡。

　　　　隔辈的爱是非常不同的,很特别,你可以享受有一个小宝宝在身边的乐趣,但又不用承担全部的责任。如果佩妮哭了,我安抚她的时候就没有新妈妈的那种恐慌感。以前哄我女儿的时候比较容易,因为我们有母女间天生的默契,这真的帮了我不少忙。她做事的方式几乎和我一样。佩妮想吃的时候就吃,睡觉的时候跟她妈妈一起睡,大家之间都没有产生过什么冲突,感觉很好。但我儿媳现在也怀孕了,我知道她打算以一种非常不同的方式来抚养即将到来的宝宝,我们只能静观其变吧。

　　　　　　　　　　——琼,两个孩子的妈妈,佩妮(7周)的外婆

　　由于没有相关经验,你很容易怀疑自己的能力,如果有个你信任的人来告诉你,你做得很好,会大大增加你的自信。你首先可以从家人和老朋友那里得到这种支持,当然也可以从其他人那里得到这种支持。许多新晋父母从很多新交的朋友那里得到了强有力的支持,通常这些新朋友都是跟

他们处在同样情况、有着相同年龄段的孩子的爸爸妈妈。

出去走走，见见其他人，这样通常能从那些看似永无止境的喂养和巨大改变中找出些头绪，理清大致脉络，特别是当你可以在一种互相理解的氛围中放松的时候。参加当地的亲子小组就是交朋友的一种方式，尽管你可能要多参加几个不同的小组，最后才能选择出最适合的那一个。全职爸爸更需要参加一些类似的小组，有些地方会有专门为爸爸们成立的小组，可能只在周末活动。尽管你可能还不太认识里面的人，但和这些人在一起会让你感觉很舒服，能让你感到安心，尤其在你感觉自己想当一个完美的父母，但压力很大的情况下。

> 我曾经参加了一个婴儿小组，但组里的妈妈们和我非常不同，她们对宝宝的期望也跟我不同。每个人都在比较自己的宝宝做了什么，她们又是怎么处理的。当我说出比利不愿意坐婴儿车，夜里还总是醒的时候，她们就说："你真可怜啊！"所以我觉得这个问题我一定得想办法解决。但比利4个月左右的时候，我遇见了另一些妈妈们，她们也有和我同样的问题，我们很能聊到一块儿去，我终于找到了自己的组织。
>
> ——泰丽，比利（8个月）的妈妈

某些地区还有健身小组，比如在公园做瑜伽、普拉提、游泳或慢跑（推着婴儿车），这是专门为新晋妈妈和宝宝成立的，把帮助妈妈产后增强身体素质、享受户外时光、交朋友这三大益处结合在一起。如果你选择的是母乳喂养，可以参加当地定期活动的帮扶小组。想要得到更多的详细信息，你可以向你的助产士、医生、儿童医疗中心、体育中心或者图书馆咨询。论坛和社交媒体也是很好的经验分享平台，有些可以组织见面，有些就在网络上沟通。

整天跟宝宝宅在家里感觉时间太漫长了，我觉得自己都快与世隔绝了。在夏洛特6周左右的时候，我去参加了一个婴儿按摩小组，交到了一些很不错的朋友。我们在附近都没有能帮助自己的家人，所以我们就互相帮忙。我发现我们都能给对方提供非常大的帮助，我每次总是非常期待跟她们见面。

——玛丽安娜，夏洛特（11个月）的妈妈

如何处理没用的建议

刚刚成为父母，你周围肯定有源源不断的人来告诉你应该怎么做，尤其是如果这是你的第一胎的话。从亲戚朋友到健康专家，甚至是公交车司机，似乎每个人都有建议要告诉你。有些建议的确很有帮助，还有些建议则让你感觉困惑，或者让你感觉自己做什么都是错。随着你越来越了解自己的宝宝，自信心也会随之增强，但同时，能提前得到些好的建议也不错，或许以后用得上。

我嫂子给过我很多建议，但我一个都不想尝试。尽管我知道她是好意。我都是笑着回答："这是个好主意！"

——娜塔莉娅，皮特（6个月）的妈妈

情绪低落

大多数父母产后前几周都会出现频繁的情绪波动，而随着激素水平的稳定（针对妈妈而言）以及在照顾宝宝方面感觉越来越自信，这些情绪波动会逐渐消失。然而，有些父母会持续感到情绪低落、无法入睡，或者处在做任何事都找不到意义、对人对事充满敌意的消极情绪中，会与宝宝有距离感，这些感受短暂平息稳定后又卷土重来，要注意，这很可能是产后抑郁症（PND）的前兆。

产后抑郁症患病轻重程度有别，持续时间从几周到几个月不等。主要会影响妈妈，但是爸爸也有可能患病，只不过不是所有人都能认识到这个问题。有这种征兆的父母需要尽快就医或寻求帮助。如果患了产后抑郁症，会很难形容你的感受，但这种病很常见，健康专家、家庭医生都接受过专业的训练，足以辨别这些病症，并可以帮忙转诊去接受更专业的医疗帮助。治疗的方法有很多，包括心理咨询、心理治疗、服用膳食补充剂和抗抑郁药物等。尝试一些放松减压技巧、多出去呼吸新鲜空气、加强体育锻炼也会有帮助。

对于患有产后抑郁症的人来说，来自家人和朋友的帮助异常重要，但他们的帮助需要对当下和以后都有益才行。总体来讲，实际的支持是最有效的，比如帮忙做家务、做饭和照顾家里的其他孩子等。有些父母想要从照顾孩子的工作中解放片刻，但有些父母面对别人要帮忙照顾孩子的提议，会觉得自己没用并感到绝望。如果是后者，支持这样的妈妈继续母乳喂养尤其重要，因为她可能会感觉这件事是只有她才能为宝宝做的。

产后抑郁症的常见症状之一就是过度焦虑，无论是对宝宝还是对自己，又或者是感觉无法和宝宝亲近，无法辨别他的需求或满足他的需求。如果有人能在宝宝需要你的时候在旁提示，不需要你的时候让你安心的话，有助于让你和宝宝的关系保持平静和谐。

帕比非常小的时候，那种焦虑感简直把我折磨得像行尸走肉一样。我可以做一些基本的事情，但其余时间都紧贴着她。尽管在她面前哭让我觉得愧疚，但两个人身体靠近真的非常重要。我睡觉的时候（我那会儿不怎么能睡着），我的父母会过来带她出去半个小时左右，好让我能休息一下。但她不在身边让我感到很不安，总是想支着耳朵听她是不是在哭。最严重的状况持续了几周，感觉像煎熬了一辈子那么长，我还以为以后就一直那样了。

——卡门，帕比（9个月）的妈妈

如果你经历过难产或创伤性分娩，那你可能会发现自己的痛苦并不是产后抑郁引起的，而是创伤后应激障碍症引起的，你脑海里会不停闪现分娩时的片段、会做噩梦、感觉焦虑或者麻木。如果你发现自己有任何照顾宝宝方面的障碍的话，尽快联系医生，这样才能在确诊后给你转诊去接受更专业的治疗和心理咨询。

处理好分离焦虑

　　所有宝宝和他们的父母早晚都会经历一定程度的分离。有时是完全由宝宝自主选择的，比如他表现出喜欢被另一个人照顾，但有时候是因为父母为了回去工作或学习不得不偶尔离开或长时间离开。

　　宝宝第一次对着除了你和你的另一半以外的人微笑的时候，就开始了和你们以外的人建立关系的过程。从他很小的时候开始，他的世界就有很多人，从你的家人、密友到在你安全的怀抱中遇见的陌生人。你和他之间正在不断加深的亲子关系给他提供了一个安全的港湾，让他可以在主动从你身边走开或由于某些原因不得不跟你分开的时候有所寄托。然而他的这种离开你的意愿会反复，前进两步又后退一步，在自信和需要依靠你之间来回徘徊。

“黏人”很正常，也很健康

　　很小的婴儿会喜欢被各种人抱，但大多数五六个月的宝宝会突然变得“黏人”。你会注意到，只要你一离开他的视线，他就会变得非常焦虑，哪怕只是离开几分钟。差不多在同一阶段，他开始拒绝被陌生人抱，几乎是除了你以外的任何人。如果你之前不了解会出现这种情况，可能会对宝宝突然表现出的分离焦虑或对陌生人的焦虑感到莫名其妙，觉得宝宝的成长退步了。实际上，这些行为再正常不过了，没有这些行为才是不正常的。它们的出现表示宝宝已经对生命中最重要的人形成了一种强烈且牢固的依恋，并开始明白自己可以完全依赖你，而不敢这样去依赖别人。

开始"黏人"也表示宝宝开始形成时间和距离感，知道自己是一个独立于你之外的个体。他能模糊地意识到，如果你离开他的视线，他就不知道你去哪儿了，什么时候回来，所以这种情况下他自然会很害怕，从而做出抱着你不放手的反应。"黏人"这个过程可能会持续到蹒跚学步的年纪，尽管可能会逐渐没有那么强烈。通常在6～18个月时，宝宝的"黏人"程度会达到顶峰，因为这个阶段是宝宝想靠自己去进行各种探索的意愿最强烈的时候。实际上，"黏人"和独立这两个因素联系非常紧密：宝宝发现自己离开父母越远（或者周围的环境越令他害怕），就越需要父母。在这个阶段，如果宝宝要培养真正的自立，自己去探索体验这个世界的话，他就会需要父母给予更多的支持和保障。

让宝宝来主导这个过程，能帮助他逐渐适应和你分离。了解他有时想跟你亲密地待在一起而不想和别人这样，能帮助他建立自信，变得自立。如果他上周可以自己在厨房待上几分钟，而这周不行了，那么你离开厨房的时候把他带在身边就好了。如果他见到陌生人表现得很紧张，或不愿意去跟过去信任的某个人亲近，千万不要强迫他去做，如果可能的话，给他时间，让他在你的臂弯里慢慢愿意亲近他们，而不要让对方不顾他感受地接近他。

如果你需要暂时离开，可以跟宝宝解释发生了什么事情，这样能有效帮助他相信你会回来。比如，你可以说："有人来了，我去开门，马上就回来。"开门之后紧接着对他说："我回来啦！"你和你的另一半也可以互相为对方解释，比如："妈妈去冲澡了，10 分钟后就会回来的……看，她回来了，洗得干干净净对不对！"早在宝宝会说话之前，他就能明白你经常重复的话的意思，因为他会把这些话和眼前发生的事情联系起来，从而知道是什么意思。此外，如果你在另一个房间，也可以保持跟宝宝说话，让他听见你的声音，让他知道，尽管你不在眼前，但你也没有抛弃他。捉迷藏这样的游戏也能帮助他理解，即使他看不见你，你也还是在他身边，并且让他相信如果他需要你，你就会马上出现。

请临时保姆

如果你需要别人帮你照顾宝宝几个小时，最佳选择肯定是他熟悉且信任的家人或好友。但有时，你可能不得不请他不那么熟悉的人来帮忙，尤其是在你没有别的选择的时候。在这种情况下，要尽量保证至少周围环境对他来说是熟悉的，所以尽量说服保姆来你家照顾宝宝，而不是把宝宝带去保姆家。如果可能的话，让保姆提前一天来家里待上个把小时，让你的宝宝熟悉一下，第二天再来的时候，宝宝就能认出来。同时，你也可以趁这个机会试验一下，自己离开，让保姆单独和宝宝待半个小时左右，然后再回来，这样宝宝就会知道你离开了还是会回来的。

如果保姆不能提前一天过来一趟的话，尽量确保你出门当天保姆能提前来一会儿，让宝宝有时间适应保姆的存在，这总比宝宝还不知道发生了什么，就无奈地发现只剩下自己和保姆在一起了要好一些。然而无论你多么信任来照顾宝宝的人，如果想让宝宝感觉安全，还是需要他自己也信任才行，或者让他看到你很信任保姆。让保姆提前来的话，你还能有机会说一说宝宝需要吃奶、睡觉或者被抱起来的时候会有什么表现。如果你平时都用背带带着宝宝，你可以告诉保姆具体应该怎么操作；如果宝宝夜间通常睡在你身边的话，可能会需要多做些工作帮助他在没有你在身边的情况下放松入睡，你可以教给保姆一些对宝宝起作用的安抚技巧，同时一定要确保保姆不会把宝宝一个人留在你的大床上睡。

重返职场或校园

一般来说，你回去工作或学习的时候，宝宝越大，你们双方越容易适应其他人来参与照顾宝宝的工作。如果你自己可以选择的话，越晚回归工作和学习，宝宝的安全感和归属感就越强，也越能够应对这样的分离。如果你是母乳喂养，最好等到他八九个月（或者更大，如果可以的话）再离开，这样对你们都有好处，尤其是那个时候你就不用挤出很多奶了，因为宝宝应该已经开始添加辅食了。

贝丝 6 个月的时候我就开始每周回去工作 3 天，那段时间真是糟透了。我一边担心她一边工作，因为疲惫而没法集中精力。去上班加上来回的路程，我们每天要分开 10 个小时，相当漫长。所以我觉得我没法兼顾，两边都做得很差。这次就好多了，我等到莫莉 8 个月以后才开始工作，工作时间也没那么长，上班的地

方也不远，所以我们每天只有6个小时见不到面，真的感觉完全不一样。

——萨曼莎，贝丝（5岁）和莫莉（13个月）的妈妈

回归工作的同时再去选择你想采用什么样的方式照顾宝宝是非常耗时且累人的，所以最好提前做好规划。有些父母发现传统的育儿安排就很好，比如，（外）祖父母或者其他家人来照顾宝宝，或者和有相同年龄段孩子的朋友合作照顾宝宝；其他人则倾向于雇保姆、临时照看的阿姨或者送去托儿所。无论是谁来照顾你的宝宝，尽量保证他们理解和赞同你的育儿方法。如果你不是非常了解这个人，可以假设出一些情境，问问对方如果出现这种情况他们会怎么办。还有，照顾宝宝的人和地点最好能保持长期稳定，这样他就不用不停地去适应不同的照顾者。

比较理想的情况就是，你回归工作或学习之后，对宝宝的照顾能尽可能和以前在家的时候一样。请个保姆在你的家里照顾，或者把宝宝带去临时照顾他的阿姨家里照顾，对她来说比托儿所要感觉安全，因为托儿所又大、人又多。尤其在他不到1岁的情况下，这个因素一定要重视。如果托儿所是你唯一可行的选择的话，就尽量找一个保育员和孩子之间的人员比例高一点儿、员工流动率低一些，并且致力于提供负责任和关怀备至的照料的托儿所。托儿所里照顾宝宝的保育员如果心情不好，会比游乐设施的质量或者点心的营养价值等外在物质因素更影响宝宝的身心健康。所以建议你花些时间去托儿所（无论是否带着宝宝）见一见或观察一下不同的保育员，这样能更好地决定那里适不适合你的宝宝。

我们第一个孩子洛蒂4个月的时候，我就回去全勤上班了。我把她送去了一家离我办公室很近的、很有爱的小托儿所。虽然每天8个小时在托儿所听起来时间很长，但她跟我在一起的时间可有16个小时呢。有时候我会接上她去跟朋友喝一杯，其他时候就直接带她回家了，泡点儿茶，打开电视放松一下，跟她依偎在一起或者给她喂奶。

——唐娜，洛蒂（10岁）、玛莎（8岁）、艾什莉（4岁）和
艾米（2岁）的妈妈

许多父母在找照看宝宝的人或机构的时候第一考虑是要离家近，但如果你通勤路程比较远的话，最好找离你工作单位近的。这样可以减少你和宝宝分开的时间，也能节省成本，因为宝宝在那儿待的时间越短，收费当然越少。如果你还在哺乳期，那么更应该找离工作地点近的人或托儿所，这样能最大限度缩短你离开他去上班前的最后一次喂奶和你下班后的第一次喂奶之间的时长，也能省下挤奶的时间，不会让你在工作的时候感觉胀得难受。如果离你工作的地方真的很近的话，你甚至可以趁着午餐时间赶过去给他喂奶。

如果你跟宝宝一天没见了，回到家他可能会一直想在你怀里，以弥补白天无法让你抱着他的时间。如果还在哺乳期，他晚上一见到你可能会直奔母乳。在你不用去上班的日子，他可能会需要比平时更多的吃奶和拥抱时间。许多父母发现跟宝宝一起睡觉能弥补他们分开的时间，也能加深他们之间的关系，尽管大家都在睡梦中。

露西8个月的时候我就回去工作了，我并没有刻意做什么来弥补不在一起的时间，但因为我还在给她哺乳，而且她晚上跟我们一起睡，始终保持着很亲密的关系，所以我从没觉得自己错过了什么。

——卡洛塔，露西（4岁）的妈妈

分离不断乳

如果需要其他人照顾宝宝不止一两个小时的时间，根据宝宝年龄的不同，你可能需要给她备下些挤出来的母乳或者配方奶。偶尔冷冻或冷藏少量挤出来的母乳，宝宝着急喝的时候能派上用场，此外，如果你和宝宝要经常重复性分离，像这样给宝宝备下些奶，能让你感到安心一些。

母乳的储存

可以将挤出来的母乳装进奶瓶、特制无菌母乳保鲜袋或者经过完全消毒（洗净并用沸水烫洗）的密封食物容器中。正常室温下母乳可以安全存放6小时，在装有冰袋的保温袋中可以安全存放8小时左右。如果你需要存放更长时间，可以借助家里的冰箱，冷藏室可以存放3天左右（如果温度保持在4℃以下，可以保存8天），冷冻室可以存放6个月。冷冻的母乳要慢慢解冻，解冻后待温度升至适宜喂养的温度及时饮用。给宝宝喝之前没必要加热，如果他喜欢喝热一点儿的奶，可以放在盛有差不多手温的水壶中温热1~2分钟，这样比用微波炉解冻和加热更安全。

我回去工作的时候狄伦才 6 个月，那段日子真是太难熬了。每次我一想他，奶水就会涌出来，所以我总是得带很多防溢乳垫去上班。我有一个同事家里有 5 个孩子，而且全是母乳喂养的。她在单位的冰箱里给我腾出一块地方存放我挤出来的母乳。我倒不是多在意有没有地方存放挤出来的奶，关键是我每天要去厕所挤好几次奶，每次都要折腾上 10 分钟。当我下班回家后，几乎来不及脱掉外套，狄伦就过来吃奶了。

——艾娃，狄伦（1 岁）的妈妈

有些母乳喂养的宝宝能欣然接受用奶瓶或者杯子喝奶，有些则只接受直接吮吸妈妈的乳头。如果你的宝宝就是这样，那么可以在他饿了之前就用奶瓶喂他，或者让他随意玩一玩奶瓶，自己弄明白这是什么，要怎么使用。但是，如果他不接受除了你以外的人给她喂奶，可以尊重他的决定，宝宝不会饿着自己的，如果他真的饿了就会吃。无论出现哪种情况，只要你傍晚或夜间满足他的吃奶需求，就能缓解他的饥饿，并帮他再次找回和你在一起的感觉。

你在宝宝的世界里会占据很长时间的中心位置，即使他开始离开你安全的怀抱，自己爬着去探索周围的事物、去遇见陌生的人，却依然需要数年时间继续把你当成他安全的港湾，一个能随时回来寻求安全感、给自己充电的堡垒。从一开始，方方面面都让宝宝来主导，能让你和宝宝之间建立一个牢固的基础去抚养和成长，以及建立深厚的亲子关系。同时，这也能让你们双方都更轻松、更平稳地度过婴儿的怀抱期，顺利进入学步期，并让你充满自信且具有一定的预见性，从而能够轻松应对学步期会出现的各种变化和问题。

本 章 要 点

◆刚刚为人父母的新生活充满挑战，但一定会慢慢变得轻松。关键在于你要时刻做好准备适应新变化、重新设定每天的现实目标、逐渐接受发生的事情，以及对待你自己和你的另一半要像对待宝宝一样温柔。

◆在专注照顾宝宝的同时，千万不要忽视你自己的身心健康和幸福。

◆你所在的大家庭能给你提供有力的帮助，让你适应你的新角色。

◆和其他刚做父母的人交流经验能帮助你更好地适应新的生活方式。当地各种亲子育儿类小组以及社交媒体能帮助你勇敢地面对和克服各种育儿过程中出现的困难。

◆产后抑郁症并不鲜见，如果你感觉照顾宝宝的过程很艰辛，尽快寻求专业帮助。

◆"黏人"很正常，也很健康。你是宝宝安全的港湾，即使他已经认识了许多你以外的人，也凭着自己的能力去探索了很多新鲜的地方，但还是会需要经常回来寻求安全感。

◆谨慎选择帮你照看宝宝的人，耐心且温柔地帮助宝宝逐渐适应与你的分离。

结　语

　　养育宝宝是一个五味杂陈的过程，会让你感到兴奋、沮丧、迷惘和疲惫，同时也会带给你源源不断的欢乐和惊喜，通常这些感觉会在同一时间涌现，并且你很难想象你和宝宝以后的生活会是怎样的。不过可以确定的是，宝宝对你的需要会随着他的成长而发展变化，但永远不会像怀抱期那样强烈。

　　宝宝主导的育儿法核心在于，要始终和宝宝保持紧密的情感联系，做适合他且能让他保持快乐的事情。没有人能保证一辈子都快乐，但如果你始终能倾听宝宝内心的声音，让他知道自己作为一个小婴儿是被爱着的，那么在这种稳固的基础上就能培养起宝宝内心的自我价值感，也能让宝宝在以后面对可能出现的人生困难时更加淡定和从容。希望这本书能帮助你坚定信心，相信宝宝和你都知道什么才是对他最好的，从而让你成为他最理想的父母。无论是吃奶、洗澡、玩耍还是睡觉，他完全知道自己需要什么，知道如何要求得到或做到这些，他只需要你能回应他告诉你的信息。

　　随着宝宝逐渐离开你的臂弯，他的需求也会有所变化，但在他最脆弱

的几个月，你们之间建立的亲子关系能帮助你适应新的变化，并跟随他的脚步，使你们逐渐趋于同步。在宝宝的整个童年期间，你都要和另一半保持有效的沟通，如果你的育儿方法看似不起什么作用的话，就要做好及时调整的准备，这样你才能时时跟进宝宝的成长变化。

如果有人用新的方法挑战了你之前的某些育儿决定，那么你可能需要回头审视当初的决定。如果你需要改变方法，尽量对自己和宝宝保持温柔，不要苛责自己。只要你不是一次又一次地对宝宝使用那些无效的方法，宝宝还是很坚强的，他能够从一些困难的经历中恢复过来。同时，也不要忘记偶尔拍拍自己的肩膀，给自己一些鼓励。育儿的确不简单，但最终一切都是值得的。

衷心祝愿大家的育儿之旅顺利、美好！